低频磁刚度非线性隔振
理论与方法

严 博 武传宇 张文明 著

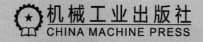

机械工业出版社
CHINA MACHINE PRESS

低频与宽频隔振技术是提升国防装备科技水平的核心技术。作者长期致力于机械结构的低宽频振动抑制新原理、新方法与新机理研究,在低频磁刚度非线性隔振领域取得了创新成果,进行总结,据此著成本书。

　　本书建立了非线性磁力及磁刚度的理论模型,提出了磁刚度非线性隔振系统的动力学设计方法,揭示了其低频隔振机理,引入了杠杆原理和电磁分支电路阻尼技术,介绍了磁刚度非线性隔振系统的隔振品质调控与性能提升方法。通过优化磁结构,提出了双稳态磁刚度隔振方法,从动力学分析、抗冲击能力及"谷"响应调控等方面系统深入地建立了其理论模型,揭示了磁刚度非线性隔振系统的低频隔振机理。

　　本书理论性和实用性强,采用了理论建模、仿真和试验等手段,图、表丰富,可为从事机械结构振动控制的技术人员、博士与硕士研究生提供参考。

图书在版编目(CIP)数据

低频磁刚度非线性隔振理论与方法/严博,武传宇,张文明著. —北京:机械工业出版社,2023.2
ISBN 978-7-111-72549-7

Ⅰ.①低… Ⅱ.①严… ②武… ③张… Ⅲ.①非线性振动-隔振技术-研究
Ⅳ.①TB535

中国国家版本馆 CIP 数据核字(2023)第 010643 号

机械工业出版社(北京市百万庄大街 22 号　邮政编码 100037)
策划编辑:李万宇　　　　　　责任编辑:李万宇　王春雨
责任校对:张爱妮　李　婷　　封面设计:马精明
责任印制:张　博
北京利丰雅高长城印刷有限公司印刷
2023 年 6 月第 1 版第 1 次印刷
169mm×239mm · 15 印张 · 3 插页 · 256 千字
标准书号:ISBN 978-7-111-72549-7
定价:99.00 元

电话服务　　　　　　　　　　网络服务
客服电话:010-88361066　　　机　工　官　网:www.cmpbook.com
　　　　　010-88379833　　　机　工　官　博:weibo.com/cmp1952
　　　　　010-68326294　　　金　书　网:www.golden-book.com
封底无防伪标均为盗版　　机工教育服务网:www.cmpedu.com

前　言

以航天航空器及舰船等为代表的重大装备是保障国防安全的重要基石。随着空间结构逐步向大型化与轻量化方向发展，导致固有频率低、模态密度大。在火箭发射产生的短时激励及在轨工作的长时间激励下，使低频振动响应突出、衰减速度慢、不易控制，导致故障易发生、服役可靠性差，严重制约了航天器性能提升。因此，航天结构面临的低频振动是航天器动力学设计中的"卡脖子"问题，亟须发展新型减隔振理论和方法，为航天器"高精、超稳与超静"可靠运行提供基础理论和技术支撑，相关成果可以扩展到航空、舰船、高端装备、仪器与机械工程等领域，对于机械动力学的学科完善和国民经济、社会发展具有重要的意义。

隔振是应用最为广泛且极为有效的一种减振方式，但其工作频带受限于支撑刚度和负载质量，较小刚度虽然可以获得较宽的隔振频带，但会导致位移响应过大，影响支撑能力，在重载支撑与低频隔振间存在"鱼和熊掌不可兼得"的矛盾。非线性隔振利用几何非线性构建等效负刚度，具有高静刚度、低动刚度的特性，可实现准零刚度隔振，降低共振频率，拓宽隔振带宽，提升隔振品质，解决了低频和重载之间的矛盾。早在1989年就有了准零刚度隔振这一思想，但直到2008年，才开始逐步成为隔振领域的研究热点。目前，低频非线性隔振主要基于准零刚度隔振技术展开，主要有"三弹簧"式、电磁式与仿生式。电磁结构具有非接触、响应时间快、作动力大、可控性好等优点，可用于设计准零刚度隔振系统。然而，现有研究基于磁悬浮式准零刚度结构存在大幅失稳等问题，离工程应用存在较大距离。

为了解决这些基础理论难题和挑战，本书作者所在课题组多年来致力于磁刚度隔振系统的设计、动力学分析与阻尼调控等方面研究，取得了一批原创性成果，有关理论、方法和规律性的认识形成了一个完整的体系。本书旨在通过对磁刚度非线性隔振系统性能综合探讨，引起研究人员对非线性隔振理论与技术的兴趣和重视；通过动力学设计与理论研究，促进磁刚度非线性隔振技术的发展，推动这项技术的基础研究和工程应用。

本书的撰写参考了作者多年来发表的科技论文，是作者多年科研工作的系统性总结。本书包括 10 章内容。第 1 章绪论介绍了非线性隔振技术，并从准零刚度隔振的实现方式与电磁分支电路阻尼技术两个层面介绍了其发展趋势和存在的问题。第 2 章介绍了非线性磁力模型及磁刚度分析理论基础。第 3 章设计了磁刚度非线性隔振系统，揭示了其低频隔振机理。第 4 章通过引入杠杆结构，介绍了一种磁刚度非线性隔振系统的调频方法。第 5 章针对磁刚度非线性隔振系统存在的不稳定动力学行为，通过电磁分支电路阻尼实现了隔振性能的调控。第 6 章通过磁结构的优化，对磁刚度非线性隔振系统的动力学进行了分析。第 7 章基于第 6 章发现的双稳态振动响应，建立了双稳态低频隔振理论，包括隔振特性分析、稳定性判定等。第 8 章研究了双稳态磁刚度隔振系统的抗冲击特性。第 9 章针对双稳态系统的复杂动力学行为，基于电磁分支电路阻尼实现了隔振性能调控，有效提升了隔振品质。第 10 章对低频非线性隔振技术进行了展望，包括仿生隔振技术、折纸隔振技术、仿生结构与折纸结构的磁刚度调节及非线性隔振系统的主动控制。

本书在撰写过程中得到了西安交通大学张希农教授、浙江理工大学李秦川教授、上海交通大学郑宜生博士、合肥工业大学董光旭副教授的大力支持。在这里，感谢我课题组的所有成员，他们为本书的撰写贡献了重要力量，尤其是马洪业博士、余宁博士、凌鹏博士、潘侠圭博士、苗伦伦硕士。

本书的研究和出版得到了国家自然科学基金项目（52175215）和浙江省"万人计划"青年拔尖人才项目的支持，在此致以深切的谢意。

虽然全体作者为本书的撰写工作付出了巨大的努力，但由于水平和时间有限，书中仍难免有不足之处，敬请各位读者批评指正。

严博

2022 年 10 月

目 录

第**1**章
绪　论

1.1　概述

　　航空航天运载工具、大型舰船、高速列车、大型盾构机、百万千瓦大型发电机组、成套集成电路生产线等重大装备，是国家工业发展和国防建设的命脉，是衡量国家工业发展水平的重要标志。"十四五"以来，我国已经建立了国家太空实验室天宫空间站，极大提高了我国科技水平。随着大型空间装备与结构的功能化与复杂化，要求其具备大型化与轻量化的特征，致使其固有频率低、模态密度大。在随火箭发射产生的瞬态振动、类周期振动及随机振动（频率范围可达 $0 \sim 10000 \mathrm{Hz}$）及在轨动力传动装置长时间工作产生的周期或准周期性激励下，如姿态控制执行机构（飞轮、控制力陀螺）和驱动机构（太阳能帆板驱动机构、卫星天线指向驱动机构）[1]，所产生的低频与宽频振动响应突出，衰减速度慢，导致故障易发生、服役可靠性差，严重制约航天器的性能提升。因此，航天结构所面临的低频振动是航天结构设计中的瓶颈，亟须发展新型减振与抑振理论和方法，为航天器"高精、超稳及超静"可靠运行提供基础理论和技术支撑，相关成果可以扩展到航空、舰船、高端装备、仪器与机械工程等领域，对于推动机械动力学学科和国民经济、社会的发展具有重要的意义。

　　目前，隔振方法广泛应用于航天结构振动的抑制，主要有线性隔振和非线性隔振两类。线性隔振简单易行、成本低，可有效隔离大部分振动，目前应用最为广泛。例如，NASA 采用 CSA 公司的 Softride Uniflex 隔振器对 QuickTOMS 和 OrbView 4 任务进行了整星隔振。Honeywell 公司为哈勃太空望远镜设计了被动隔振系统以抑制反作用飞轮的扰振。VISS 是世界上第一个进行空间试验的在轨隔振系统，2005 年某一小型中波段红外望远镜采用 VISS 进行隔振。NASA 和 Boeing 公司联合开发了 PaRIS 被动隔振系统，主要依靠空气阻尼弹簧减振器实现隔振。尽管线性隔振有自身的优点，但其工作频带受限于支撑刚度和负载质量，较宽频带隔振能力需较小刚度，导致系统位移响应过大，影响刚度和支撑能力。增大隔振系统阻尼可以提高共振区的振动抑制水平，但同时也会增大隔振区的响应，降低高频隔振效果导致工频恶化。

近年来，将有益非线性引入隔振系统拓宽工作频带并提升隔振性能已经成为低频隔振领域的研究热点[2]，主要利用几何非线性构建等效负刚度，实现准零刚度隔振[3-7]。非线性隔振具有高静刚度、低动刚度（简称高静低动刚度）特性[4]，可以降低共振频率，拓宽隔振带宽，提高隔振性能。非线性隔振器主要包括非线性刚度隔振器和非线性阻尼隔振器两类。一种典型的非线性刚度隔振器是准零刚度隔振器，可采用三根弹簧实现，即由两根水平（或斜拉[3]）弹簧和一根垂直弹簧构成，其中，两根水平或斜拉弹簧用于构建等效负刚度。国内外学者系统建立了"三弹簧"准零刚度隔振器的理论模型[4, 7]，优化了弹簧构型以实现任意刚度的调节[8]，研究了 Euler 屈曲梁式[9]与凸轮滚子式[10]"三弹簧"准零刚度隔振器的隔振性能，并将其应用于六自由度隔振平台，取得了较好的隔振效果[11, 12]。此外，基于几何非线性隔振，国内外研究人员也开展了 X 型仿生隔振结构的创新设计及隔振机理研究[13-15]，证明了通过仿生结构设计可获得极为理想的隔振效果[16]。

永磁力是一种强非线性力，具有响应速度快、非接触无磨损、可控性好等优点，是一种理想的设计永磁准零刚度隔振器的方式。例如，三个相斥的永磁体可实现等效磁负刚度，降低系统的固有频率[17]。Robertson 等[18]设计了一种磁悬浮式准零刚度隔振器，蒲华燕等[19]设计了一种多层电磁负刚度隔振器，通过电流调控负刚度以实现隔振频带的调节。Wang 等[20]基于环形永磁体和线圈设计了一种可用于新生儿推车的准零刚度隔振器，可在 2Hz 开始隔振。以上研究表明，电磁耦合结构可以设计非线性准零刚度隔振器，实现低频隔振。电磁结构的阻尼和控制系统可设计性强，因而具有较好的工程应用前景。

作者所在课题组多年来在磁刚度非线性隔振所涉及的原理与方法、动力学分析与阻尼调控等方面开展了深入研究，取得了一批原创性成果，有关理论、方法和规律性的认识形成了低频磁刚度非线性隔振理论与方法体系。本书旨在通过对低频磁刚度非线性隔振方法的综合探讨，引起研究人员对低频非线性隔振理论、磁刚度隔振结构设计与阻尼调控技术的兴趣与重视。通过对非线性隔振新理论、新原理与新方法的研究，促进磁刚度非线性隔振技术的发展，并推动其走向工程应用。

1.2 准零刚度隔振技术

本书主要探讨低频磁刚度非线性隔振理论与方法，涉及非线性隔振新机理及阻尼调控技术，因此，本节将从"三弹簧"式准零刚度隔振出发，着重介绍低频准零刚度隔振及电磁分支电路阻尼这两方面的国内外研究现状。

1.2.1 "三弹簧"式准零刚度隔振技术

线性隔振理论较为成熟，隔振结构简单，因而广泛应用于航空航天、船舶舰艇等国防军工领域[21]。根据线性隔振理论，当激励频率大于 $\sqrt{2}\omega_n$ 时（ω_n 为固有频率），传递率小于 1，隔振器开始隔振，此时阻尼越小越好；当频率小于 $\sqrt{2}\omega_n$ 时（即共振区），传递率大于 1，依靠阻尼减振[22]。增大阻尼可降低共振区响应，但会导致隔振区的响应增大。航天装备具有结构尺寸大及质量轻等特点，致使其对低频减隔振技术的需求大。对传统的隔振方法而言，为了实现低频隔振，需减小系统的刚度或增大负载质量，前者使得系统的静变形增大[2]，而后者会增大质量成本。因此，传统的线性隔振已难以满足航天装备日益增长的需求。

为了克服线性隔振的固有缺陷，科研人员提出了非线性隔振方法[2]，其中，高静低动刚度隔振器（high-static-low-dynamic stiffness，HSLDS）是一种有效降低系统峰值频率并拓宽隔振频带的手段，"高静刚度"是指与等效线性隔振器相比具有相似静刚度，"低动刚度"是指与线性隔振器相比具有更低的动态刚度。通常情况下，这种隔振器在静平衡位置附近的等效刚度很低，通过参数调节甚至可以达到零刚度，因此，也称为准零刚度（quasi-zero stiffness，QZS）隔振器。

目前，通常采用几何非线性设计方法构建非线性刚度与等效负刚度。其中，一种经典的模型是利用一根竖直弹簧和两根水平或倾斜并带有预紧力的弹簧或者非线性软弹簧构建高静低动刚度隔振器[3]，如图 1-1a、b 所示。两根斜拉或水平弹簧在竖直方向产生负刚度，抵消竖直弹簧的正刚度，降低系统的动刚度，而静刚度并未改变，这样可以降低固有频率，拓宽隔振频带，提升高频区隔振能力[23]。Tang 和 Brennan[24] 讨论了准零刚度隔振器在冲击载荷下的隔振性能。Lan 等[8]优化了"三弹簧"准零刚度隔振器的构型，可实现任意刚度调节，从而匹配不同的负载。Hao 等[25]讨论了准零刚度隔振器的非线性动力学行为，研究了跳跃现象及多解稳定性判定问题。Le 等[26]设计了一种滑块式的准零刚度隔振器，具备较宽的隔振频带和良好的隔振效果，如图 1-1c 所示。Huang 等[9, 27]用 Euler 屈曲梁替代"三弹簧"准零刚度隔振器的水平弹簧，如图 1-1d 所示，研究结果表明，随激励幅值的变化，不对称准零刚度隔振器呈现纯软化、纯硬化和软-硬化兼具的动力学特性，且在相同负载下，具有 Euler 纠正器的准零刚度隔振器的初始隔振频率比相应线性隔振器初始隔振频率更低。Zhao 等[28]用两对斜拉弹簧构建了一种新型准零刚度隔振器，具备较长的工作行程。圆柱凸轮滚子准零刚度隔振器可在较大的范围内实现准零刚度[29]，且可以承受大幅值的激励，如图 1-2a 所示，所设计的圆柱凸轮滚子准零刚度隔振器具有良好的隔振性能。此外，Wang 等[30]提出了一种具有参数化刚度设计特点的曲面隔振机构，可实现准零刚度隔振，在特殊情形下甚至能达到绝对零刚度。周加喜等[10]探讨了凸轮-滚轮-弹簧机构的隔振性能，发现无论激励幅值有多大，该类减振器的峰值传递率均比等效线性系统小，并以此为基础实现了六个自由度的隔振[11]和扭转振动的隔振[31]。陆泽琦等[32]研究了一类圆环形非线性隔振器，通过改变圆环直径方向上的预变形可实现不同的隔振性能，研究表明，增加圆环预变形可提高隔振器的隔振性能，拓宽隔振带宽。丁虎等[33]利用三弹簧机构串联预压紧梁研究了非线性隔振器中主结构本身的多模态弹性振动对隔振效果的影响，结果表明，非线性隔振器会增加弹性连续体即预压紧梁的高阶模态振动传递，也发现轴的预压紧力有利于弹性结构的隔振。其他相关的设计与应用可查阅文献［2，34-36］。Gatti 等[37]给出了几种有益几何非线性的结构，为准零刚度隔振系统的结构和阻尼的设计提供了思路[38]。

自 2014 年以来，仿生隔振凭借较好的隔振性能、稳定性和鲁棒性，逐步成为非线性隔振领域的研究热点。Sun 和 Jing[14]设计出一类同时具有非线性阻尼与非线性刚度的剪刀型结构，如图 1-2b 所示，可通过优化杆件参数获取高静低动特性，实现了低频隔振，随后又将剪刀型隔振结构沿多向设计，实现了三方向的大行程隔振[39]。Liu 等[40]设计了一种多层 X 型结构，可将峰值频率降低到 2Hz 以下，极大拓宽了隔振频带。Feng 等[41]受到人体上、下肢运动形态的启发，设计了一种仿人式非线性隔振结构，研究发现，其具有非线性刚度、非线性阻尼以及非线性惯量特性，通过参数设计与优化，峰值频率可降低至 2Hz 以下。此外，该研究团队又将其应用到手提电钻中，在不影响手提电钻

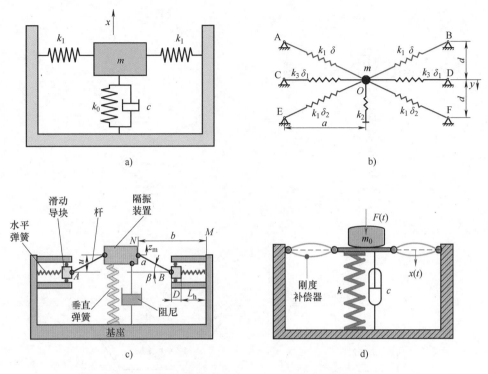

图 1-1 "三弹簧"式高静低动刚度隔振器

a）"三弹簧"式准零刚度模型[23]　b）高静低动刚度非线性隔振器模型[45]

c）滑块式准零刚度模型[26]　d）屈曲梁式高静低动刚度隔振器模型[27]

工作效率的情况下极大降低了设备传递到人上肢的有害振动，为操作人员提供了舒适的工作环境[15]。Niu 等[42]提出了一种基于柔性肢状结构的仿生隔振器，如图 1-2c 所示，研究了其在不同参数下的软化、硬化和负刚度特性，研究结果表明，该结构具备显著的高静低动刚度特性。周加喜团队[43]提出了一种基于扭转弹簧的仿生式准零刚度隔振器，如图 1-2d 所示，在谐波激励下具有较宽的隔振范围。Yan 等[16]受猫科动物脚掌中脂肪垫对脚趾补偿机制启发，设计了一种高静低动特性灵活可调的仿生趾骨变刚度隔振结构，具有静变形小、稳定性好、隔振频带宽等优点，可在 3Hz 开始隔振。Ling 等[44]受蟑螂在 900倍于自重压力下仍然可以自由移动启发，设计了一种仿蟑螂外骨骼式隔振结构，频率可低至 1.5Hz，大幅提升了隔振带宽和性能。仿生隔振是一种新型的高稳定性隔振技术，具有结构隔振性能好、承载大、工作行程长等诸多优势，未来具有较大工程应用前景。

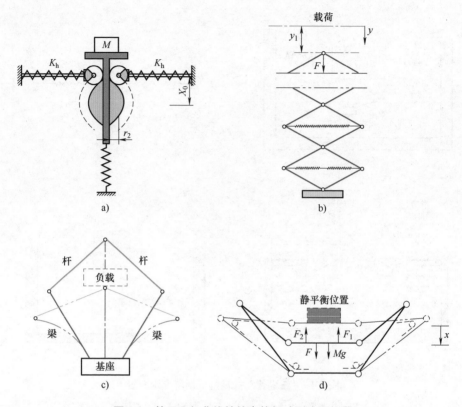

图 1-2　基于几何非线性的高静低动刚度隔振器

a）凸轮-滚轮-弹簧式准零刚度隔振器[29]　　b）多层剪刀型隔振结构[46]

c）基于柔性肢状结构的仿生隔振器[42]　　d）基于扭转弹簧的仿生准零刚度隔振器[43]

1.2.2　磁悬浮式准零刚度隔振技术

基于电磁耦合结构的非线性磁负刚度机制也是设计准零刚度隔振器的一种有效方式。相比传统"三弹簧"式准零刚度隔振构型，磁结构具有非接触、无摩擦、响应时间快、作动力大、寿命长及成本低等优点，因而，具有较好的工程应用前景[47]。早在 2002 年，Puppin 和 Fratello[48] 就设计了一种基于简单的磁斥力悬浮的非线性隔振器，如图 1-3a 所示，四对相斥的磁体提供对工作平台的负载力，研究结果表明，该磁悬浮装置无须外部能量且具有较好的隔振性能。Carrella 等[4] 基于三个磁体间吸力特性设计了一种准零刚度隔振器，如图 1-3b 所示，中间磁体为被隔质量单元，上、下两个永磁体固定，这样磁体间的非线性吸力可以产生磁负刚度以抵消弹簧的正刚度，并且可以将隔振系统的固有频率从 14Hz 降低至 7Hz。然而，当隔振器的振动位移超过一定范围时，可能会导致磁悬浮隔振器进入不稳定的工作区间，影响隔振性能。此外，通过结构和参数的优化设计，该装置也可以实现双稳态特性，这将在第 1.2.4 节中详细讨论[49]。Robertson 等[18]也开展了磁悬浮式准零刚度隔振技术的研究，他们利用了一对固定的立方体磁体，其中，中间磁体和下面磁体之间是斥力，与上面磁体之间则为吸力以抵抗重力，这种磁体结构与文献［4］不同，可以实现低刚度特性，其构型如图 1-3c 所示。随后，Wu 等[17]也设计了一种磁悬浮式准零刚度隔振器，由三个相互排斥的矩形磁体构成，如图 1-3d 所示。尽管中心永磁体被另外两个永磁体的斥力悬浮，但这种构型与之前的模型不同，因为图 1-3d 中悬浮磁体垂直于轴线方向运动，而图 1-3a~c 中的被隔磁体沿轴向运动。郑宜生等[50]利用两个同轴且沿径向磁化的环形永磁体设计了高静低动刚度隔振器，如图 1-3e 所示，基于安培电流模型获得了磁体间的磁力，分析了几何参数对磁刚度影响规律，提出了结构刚度特性的优化设计方法，研究表明，所提出的隔振器具有良好的隔振性能。随后该研究团队将其应用于 Stewart 平台支腿，有效降低了 Stewart 平台的共振频率，提高六个自由度的隔振性能[12, 51]。Zhu 等[52]也基于磁悬浮结构实现了六个自由度的隔振。Sun 等[53]使用两对同极正对磁体设计了一种悬浮式准零刚度隔振器，其中，中心的两个永磁体固定在悬臂梁的尖端，如图 1-3f 所示。Yan 等[54]将杠杆结构引入磁刚度非线性隔振系统，通过调节杠杆比（α）可调节隔振系统工作频带，为非线性隔振系统隔振性能的调控提供了新途径。

由于磁负刚度和非线性刚度有益于提升隔振系统的隔振性能，近年来磁悬浮式准零刚度隔振得到了深入研究与工程应用。Zhou 等[47]设计了一种半主动式高静低动隔振器，主要由线性弹簧和由电磁线圈与永磁体构成的磁弹簧并联构成，通过改变线圈电流方向可改变磁弹簧的正负刚度属性，同时也可通过调节电流大小改变隔振器的隔振性能。Li 等[55]设计了一种基于磁力弹簧与橡胶膜并联的磁悬浮隔振器，并对隔振器的负载能力、轴向磁刚度和固有频率进行了优化设计，研究结果表明，隔振器的最低峰值频率为 1.5Hz，在 0~100Hz 内响应可衰减-40dB。颜格等[56]提出了一种新型的非线性刚度补偿方法，利用同极相斥磁体的渐硬正刚度补偿负刚度，为实现准零刚度隔振提供了新途径。与传统的线性弹簧和双稳态负刚度并联实现准零刚度的方法相比，该方法提供了更多的设计灵活性，比如在负刚度结构参数调整导致负刚度数值变化的条件

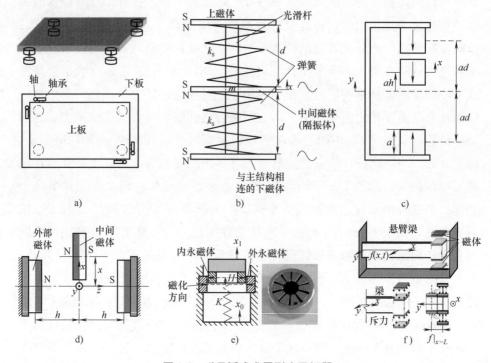

图 1-3　磁悬浮式准零刚度隔振器

a）磁斥力型磁悬浮结构[48]　b）基于磁吸力的磁悬浮准零刚度隔振器[4]

c）三个立方永磁体式的磁悬浮结构[18]　d）磁斥力型准零刚度隔振器[17]

e）径向磁化式准零刚度隔振器[60]　f）悬臂梁支撑式磁悬浮隔振器[53]

下，仅仅通过调节磁体初始间距就可以实现对负刚度的有效补偿以实现准零刚度。

　　综上所述，通过几何非线性法和电磁非线性设计法均可实现等效负刚度以降低系统的总刚度，从而拓宽隔振系统隔振频带，提升隔振性能。与传统的线性隔振相比，准零刚度隔振器的隔振频带宽且隔振性能好，因而受到广泛关注[57]。经过 10 多年的研究，该非线性隔振方法已经取得长足的进步与发展。目前，在部分工程领域已经得到了初步应用[58]。然而，非线性隔振器也存在一些问题值得思考。例如，系统的阻尼比过小或者外界激励幅值过大，非线性系统会发生跳跃、突跳、软化、硬化等复杂的动力学行为，导致隔振系统工作频带变窄、隔振性能变差，甚至不如等效的线性隔振[59]。因此，需要引入相应的控制系统或元件以解决非线性动力学行为的影响。

1.2.3　多方向准零刚度隔振技术

在复杂动力学环境下，隔振系统在受到多方向干扰或单一激振源在多次放大后，会引起多方向振动响应[11, 61]。针对该问题，国内外研究人员开展了多方向非线性隔振技术研究。Ye 等[62]基于凸轮滚子机构，设计了一种两自由度准零刚度隔振器，以隔离水平和旋转方向的振动，研究表明，该结构在两个方向上都具有良好的隔离性能，模型如图 1-4a 所示。周加喜等[63]使用六个准零刚度支腿设计了一种六自由度隔振平台，如图 1-4b 所示，该结构在六个自由度都表现出良好的隔振性能。Sun 等[39]提出了一种基于 X 型的三自由度准零刚度隔振器，如图 1-4c 所示，其所构成的非线性刚度和非线性阻尼都可通过结构参数进行调节，具有良好的隔振效果。此外，还提出了一种具有六个 X 形支腿的新型六自由度隔振器[64]，并用于构建 Stewart 隔振平台，在所有六个方向上都表现出良好的隔振性能。景兴建团队[65]提出了基于 X 型结构的仿生隔振结构，如图 1-4d 所示，该结构具有大行程中增强准零刚度特性的三自由度减振单元，有望同时实现三个方向的低频隔振。一些学者通过使用主动/半主动控制方式来实现多方向隔振效果[46,47]。Kamesh 等[66]解决了低频多自由度隔振平台的设计、建模和分析，用于被动和主动衰减低振幅振动，结果表明，使用最优控制策略可有效抑制结构在多种载荷条件下的振动。Wang 和 Liu[67]设计了一个由工作台、空气弹簧和主动磁致伸缩执行器组成的多自由度混合振动控制平台。

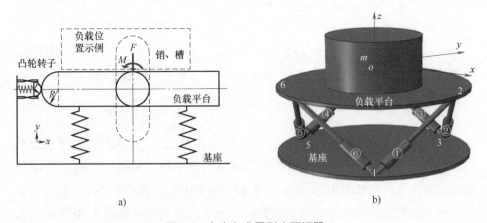

a)　　　　　　　　　　　　　　　　　b)

图 1-4　多方向准零刚度隔振器

a) 凸轮滚子式两自由度准零刚度隔振器[62]　b) 基于 Stewart 平台的六自由度准零刚度隔振[63]

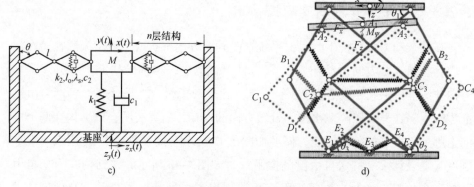

图 1-4　多方向准零刚度隔振器（续）

c）X 型三自由度准零刚度隔振器[39]　　d）三方向准零刚度隔振器[65]

　　也有学者研究了基于磁刚度准零刚度隔振器，在多个方向表现出了良好的工作性能。朱等[52]设计了一个六自由度隔振器，采用控制算法控制不稳定的磁悬浮系统。如图 1-5a 所示，隔振系统采用磁悬浮作为有效载荷支撑机构单元体，实现了垂直方向的准零刚度悬浮特性，而其他五个自由度表现为零刚度特性。在多个自由度中提供接近零刚度，该设计还能够产生静磁力来支撑有效载荷重量。Dong 等[68]利用三个环形永磁体，设计了一种基于磁悬浮和空间摆结构的六自由度准零刚度隔振器，如图 1-5b 所示，这种六自由度支架具有弱动态耦合的特点，不同方向的响应不会相互影响，同时也分析了三个方向上的隔振性能[69]，之后，利用分支电路和几何特性构建了非线性阻尼，将其应用到非线性隔振器，进一步提高了隔振效果[70]。Zheng 等[12]将图 1-5b 所示的准零刚度隔振系统引入 Stewart 平台，形成图 1-5c 所示的六自由度隔振器。结果表明，基于磁悬浮式准零刚度的 Stewart 平台可以有效提升六个自由度的隔振性能。

1.2.4　双稳态振动抑制技术

　　通过深入分析现有准零刚度隔振的机理，发现它们的共同特征是单稳态系统，即只有一个平衡位置，而双稳态系统具有两个稳定的平衡位置[71]，即势能曲线有两个阱，如图 1-6a 所示。当几何特性发生一定的变化时，双稳态系统在两个稳定的平衡状态之间来回振动，发生突跳现象，如图 1-6b 所示。图 1-6c 为磁致双稳态悬臂梁常见的三种构型，即分别基于磁斥力、磁吸力及可变轴向负载的屈曲双稳机理。在生物界中，捕蝇草具有打开和关闭的双稳态特

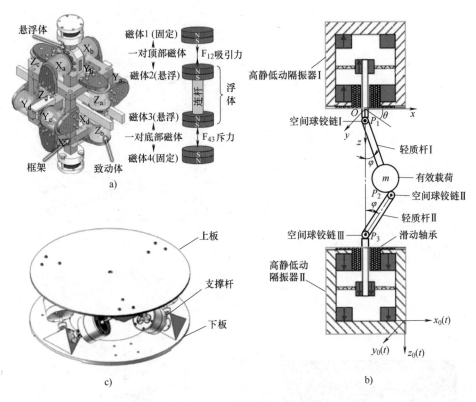

图 1-5 多方向准零刚度隔振器

a) 六自由度电磁式磁悬浮隔振器 b) 基于空间摆的六自由度准零刚度隔振器 c) Stewart 隔振器

性[72]，如图 1-6d 所示。Virgin 和 Cartee[73] 及 B. P. Mann[71] 讨论了双稳态电磁钟摆在势能阱中逃离时的能量准则。Gomez 等[74] 研究发现双稳态系统的临界松弛与突跳转化速度极为相近，随后又研究了黏弹性双稳态系统的动力学特性[75]。由于突跳引起的大幅位移响应特性，双稳态结构被广泛应用于振动能量回收领域[76]。在振动抑制方面，Shaw 等[77] 基于双稳态板设计了一种准零刚度隔振器，取得了较好的隔振效果。Ishida 等[78] 基于双稳态展开式结构设计了一种准零刚度隔振器，结果表明，由于突跳机制，提出的高静低动刚度隔振器具有极好的隔振特性。Johnson 等[79, 80] 利用倒摆结构设计了一个双稳态谐振器，可根据激励幅值和频率的变化实现阻尼的被动自适应调节，提高能量耗散效率。Yang 等[81] 将倒摆双稳态结构悬挂于主结构，组成两自由度系统，发现双稳态系统的动力学稳定性现象可消除主系统的有害共振。随后，Johnson 等[79] 和 Yang 等[82] 将双稳态结构和线性隔振器组合，构建了双稳态-双状态隔振器，发现

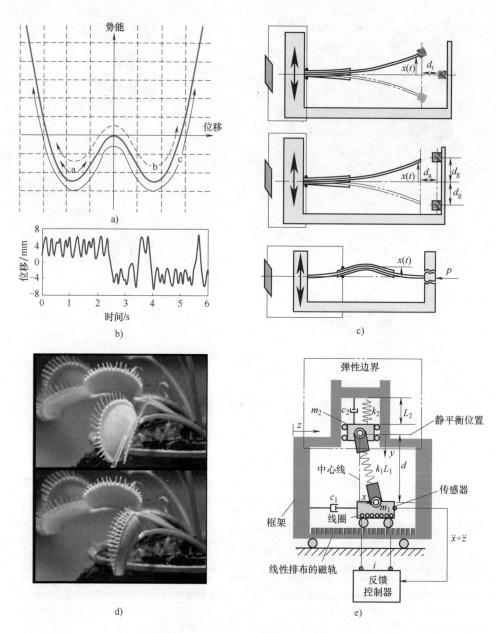

图 1-6　双稳态系统特性及相关研究

a）双稳态势能曲线　b）双稳态系统的运动位移图　c）三种双稳态悬臂梁结构[76]

d）捕蝇草的两种稳定状态[72]　e）具有弹性边界的双稳态电磁作动器原理[84]

系统的传递率曲线出现了"谷"响应，且传递率在"谷"中显著减小。此外，由于双稳态动力学系统是一种强非线性系统，激励水平会影响系统稳定性，因此，需要进行适当的控制[83]。Yang 等[84]研究了具有弹性边界的双稳态电磁作动器的宽频振动主动隔振技术，模型如图 1-6e 所示，并提出了一种反馈控制策略可显著提升低频高轨振动，且不影响高频隔振能力。

Yan 等[85]设计了一种由线性质量弹簧阻尼器和五个环形磁铁组成的"双状态"磁刚度隔振器，如图 1-7a 所示，"双状态"磁刚度隔振器的工作状态可以是单稳态或双稳态，具体情况取决于永磁体的极性及相对位置。单稳态时隔振器退化为准零刚度隔振器，可显著提高隔振性能；而双稳态时磁弹簧可以产生负刚度，以降低隔振器的峰值频率。此外，Yan 等[86]设计了另一种具有六个环形永磁体的双稳态磁刚度隔振器，如图 1-7b 所示。结果表明，双稳态磁刚度隔振器处于阱间振动时，传递率曲线中出现两个共振峰，在两个峰值之间

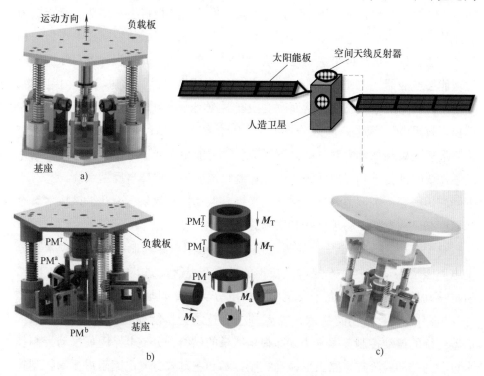

图 1-7 电磁式双稳态隔振器

a）双状态磁刚度非线性隔振器 b）双稳态磁刚度隔振器
c）基于双稳态磁刚度隔振器的天线结构抗冲击特性

的传递率可能小于 1。一般而言，双稳态隔振器可以提供软弹簧刚度特性以拓宽隔振频带，而较浅的势垒有利于隔振。然而，对于小激励位移这种情况来说，突跳现象对隔振是有害的。因此，在设计双稳态隔振器时应该重点考虑振动幅值、势垒高度、双阱宽度之间的关系，以获得更好的隔振性能[87]。随后，Yan 等[88]将双稳态磁刚度隔振技术应用到空间天线的抗冲击研究，如图 1-7c 所示。研究表明，双稳态磁刚度隔振系统可以显著提升系统的抗冲击能力，为冲击振动的抑制研究提供了新思路。

1.3　电磁分支电路阻尼技术

以压电结构、电磁、磁流变以及形状记忆合金等为代表的智能材料与结构振动控制技术，利用智能结构的机电耦合特性，通过设计换能器和控制器来实现结构的振动控制，常采用主动控制方式。换能器是指将结构振动能量转换为电能的装置，主要有电磁型和压电型等。分支电路阻尼振动控制技术作为一种新型方法，具有被动或半主动控制特性，其工作原理可简述为：将一外接电路与智能型换能器（电磁式或压电式）相连构成闭合电路，通过设计外接电路，改变闭合回路的电气属性，从而改变换能器控制力或力矩的作用，从而提升振动控制效果[89]，该电路即为分支电路。与传统的主动控制方法相比，分支电路阻尼振动控制技术主要具备以下优势：①智能型换能器可作为传感器，则系统不需要额外传感和反馈系统，因此控制系统属于自传感自反馈系统；②对于不同应用场合，可调节分支电路参数来提升振动控制效果，因此，该技术具有灵活度高、成本低、易于操作和实施等特点。

自 1979 年 Forward[90]首先提出使用串联电阻电路控制结构振动以来，分支电路阻尼振动控制技术取得了长足的发展和显著的进步。当前，分支电路阻尼振动控制方法的研究主要集中在压电分支电路阻尼振动控制技术和电磁分支电路阻尼振动控制技术，两者的核心技术为换能器和分支电路的设计。借鉴传统的振动控制分类方法，即根据能量的供给，分支电路阻尼振动控制技术可分为被动式分支电路阻尼振动控制技术和主动式分支电路阻尼振动控制技术。图 1-8 归纳并总结了近年来分支电路阻尼振动控制技术所用到的电路——被动式、主动式分支电路，包括电磁分支电路和压电分支电路，详细分析如下文所述。

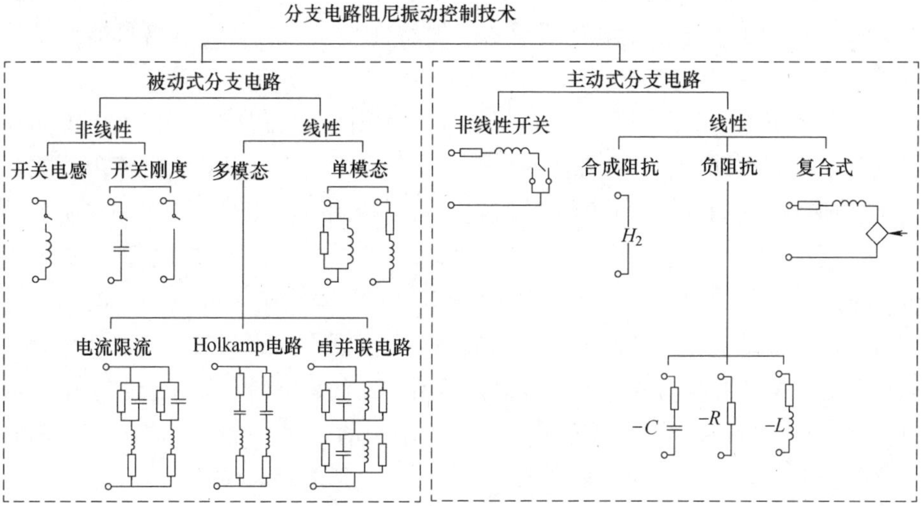

分支电路阻尼振动控制技术

图 1-8　分支电路阻尼振动控制技术的分类

1.3.1　被动式分支电路阻尼振动控制技术

被动式分支电路不需要能量驱动，即电路主要由电阻、电容以及电感等无源器件构成。最简单的是在压电陶瓷的电极串联电阻，构成闭合回路，将压电陶瓷转换而来的振动能量以焦耳热的形式耗散在电阻上[91]。电阻式电路相当于给结构增加了黏弹性电阻尼，虽然简单易行，但所产生的阻尼力主要取决于感应而来的电能，能量有限，在一些控制力要求大的工程中具有较大的局限性。

由电感-电容-电阻构成的谐振式分支电路[89]更为有效，其原理为在压电换能器末端串联电感和电阻或在电磁换能器线圈末端串联电容和电阻，将由换能器与分支电路构成的闭合回路变为二阶谐振电路。调节电感和电容，使闭合电路的频率和结构某阶固有频率产生谐振。此时，电路发生谐振，电路电流最大。这样，压电或电磁换能器施加在结构上的控制力越大，则分支电路的振动控制效果越好。Inoue 等[92]利用定点理论研究了电阻分支电路和电阻-电容串联的谐振分支电路对减振性能的影响，得到了最优减振效果下电阻、电感和电容之间的关系，结果表明，电磁谐振分支电路比传统的单电阻分支电路具有更好的减振效果。孙浩[93]研究了电感电阻串联、电感电阻并联和电感-电阻-电容并联的压电分支电路阻尼振动控制技术。王建军[94]也研究了电阻型、电感型、电阻电感并联型和电阻电感串联型被动式分支电路的单自由度系统减振问题。Zhu 等[95]讨论了电磁分支电路阻尼的吸振特性。以上的分支电路只能对结构的单阶模态进行振动控制。

为了解决以上问题，研究人员提出了一种电流限流分支电路[96]，可实现结构的多模态振动控制。在图 1-8 所示的分支电路中，可以看到电流限流式分支电路原理图，即一对并联的电感和电容可以控制一阶模态。要控制多阶振动时，需要更多并联的电感和电容。同样，对电流流动分支电路（current-flowing）而言[97, 98]，每个分支回路的支路控制结构的某一阶振动，而每个支路分为电流流动和分支两部分，电流流动部分主要作用为调谐，分支部分则为增加阻尼。电流限流分支电路在控制两阶或三阶的振动时，效果会好于电流流动分支电路。Caruso 等[99]研究了三种不同结构的谐振电路，即电阻电感串联的谐振电路、多个串联的电阻电感相互并联的谐振电路和串联的电阻电感与电容并联的谐振电路。结果表明，前两种分支电路均可降低主结构振动，而第三种方式中的正电容不利于系统主结构的减振。

以上所述的分支电路也存在一些使用上的困难。当控制低频振动时，分支电路所需的电感相当大（几亨，甚至上千亨），极大地阻碍了分支电路阻尼振动控制技术的工程应用。另一方面，尽管 Gyrators 能有效模拟电感，但需要用运算放大器构建。在控制多模态振动时，所需的电感数量成倍增加，运算放大器的数量将会相当庞大，电路将变得极为复杂，这样就降低了系统的稳定性，增大了功耗。

还有一种开关式的被动分支电路[100, 101]，可利用晶体管作为开关元器件来改变分支电路的动力学属性，从而提高振动控制效果。Davis 等[102]提出的开关电容电路能改变换能器的刚度，进而改变固有频率，避开共振区域以抑制振动。Clark[103]提出一种开关电阻式电路，可通过连接和断开电阻，改变压电作动器的刚度。应设计合理的切换算法，以实现抑制结构振动的目的。Ji 等[104, 105]研究了同步开关阻尼，该技术能够增大结构阻尼系数并提高机电耦合能量的耗散率。以上几种开关式分支电路是一种非线性电路，研究结果表明，此电路可实现多模态振动控制，然而由于非线性的存在，增大了电路分析和实施难度。此外，部分开关电路和自适应开关电路需要控制信号，也增大了系统的复杂性。

1.3.2 主动式分支电路阻尼振动控制技术

随着运行载荷环境复杂化与恶劣化，结构对振动控制水平的要求也逐渐提高，被动式分支电路的局限性也体现出来，例如，单纯连接电阻所提供的阻尼力较低，无法满足振动控制的需求；结构的复杂性引起结构输出的不确定性，从而使得分支电路阻尼振动控制技术的振动控制效果受到影响。因此，主动式分支电路也随之产生，主动式分支电路可定义为需要外接能量驱动或控制的电路。

研究人员认为，压电陶瓷可从电气学的角度上简化为等效电容，负电容分支电路可抵消压电等效电容，增大控制电流，提高控制力。文献［106-108］使用负电容分支电路进行压电换能器的振动控制，部分研究还讨论了其多模态振动控制特性。林志[109]、张文群[110]也进行了负电阻压电分支电路的振动控制技术研究。值得注意的是，若负电容大于压电片的电容，控制系统将会变得不稳定，不利于振动控制。任何一个分支电路的等效阻抗均可认为是电压与电流间的相互比例关系。以此为出发点，分支电路可以使用 LQG、H_2 以及 H_∞ 等算法进行优化，以实现最优参数控制[111]。然而，系统模型难以确定，难以用模拟集成电路实现。

近年来负阻抗式电磁分支电路阻尼振动控制方法得到了深入的研究，主要包括负电阻[112]和负电感负电阻分支电路[113]。从理论上讲，负电阻能抵消线圈的内阻抗，增大控制电流，从而提高控制力。单自由度试验研究表明，负电阻电磁分支电路阻尼振动控制技术可有效地提高结构的振动控制效果[112]。Niu等[114]使用负电阻配电容法成功的控制了悬臂梁结构的一阶振动。Zhang 等[113]提出负电感负电阻电磁分支电路阻尼振动控制方法，研究了板结构的多模态振动控制。此后，Yan 等[115]将负阻抗电磁分支电路阻尼振动控制技术应用于结构的多模态振动控制中，开展了理论建模、仿真及试验技术研究。研究结果表明，负阻抗电磁分支电路阻尼具有较强的多模态抑制能力。Stabile等[116]将负电阻电磁分支电路阻尼技术应用于航天器的微振动控制，对在太空工作温度范围内（−20～50℃）的减振性能进行了试验研究。之后，他们也将该技术应用到两自由度吸振器上[117]。结果表明，负电阻电磁分支电路在不需要主动控制算法的情况下可以有效隔离微振动源，并且隔振性能对温度的变化不敏感。由于以上所设计的阻尼均为线性阻尼，随频率变化时的影响不大。Sun 等[118]将库仑摩擦引入电磁分支电路阻尼，提升了阻尼力的工作范围。但是对于隔振系统而言，低频共振区和高频隔振区对阻尼的需求不一致，针对该矛盾，Yan 等[119]提出了非线性电磁分支电路阻尼方法，系统建立了非线性阻尼的理论模型，研究结果表明，所提出的非线性阻尼可以兼顾低高频隔振。Ma 等[120]也基于电磁分支电路阻尼技术设计了两类非线性阻尼，可以实现低高频隔振，为非线性阻尼的设计与应用提供了一种思路。随后，Ma 和 Yan[121]将电磁分支电路阻尼引入磁刚度非线性隔振系统，通过研究负电感、正电感、负电阻之间的关系，实现了隔振系统动力学行为的调控。

结构参数的变化对分支电路阻尼振动控制的性能非常敏感，尤其是谐振式分支电路，一旦失调，分支电路的控制效果将大幅降低。针对单自由度系统，为了解决这些问题，便出现了自适应调谐式分支电路。Fleming 等[122]研究了自适应谐振式压电分支电路振动控制技术，解决了由于结构和负载频率引起的单模态振动控制问题。Niederberger 等研究了自适应电感-电容-电阻谐振式压电分支电路[123]和电磁分支电路[124]，在一定程度上提高了谐振式压电分支电路的频率适应性。McDaid 和 Mace[125]研究了可调刚度自适应谐振式分支电路，成功拓宽了动力吸振器吸振带宽，发现自适应电感-电容-电阻谐振式电路有效弥补了纯电感-电容-电阻谐振式分支电路的频率敏感特性，并采用理论建模、数值仿真和试验相结合的方式验证了该方法的可行性。Li 等[126]探讨了负电阻电磁分支电路的多功能性，例如可模拟黏性流体、黏弹性、惯性以及调谐惯性阻尼器等功能。Zheng 等[127]验证了负电阻电磁分支电路中电感的质量效应，研究结果证明增加电路中的电感会降低系统的等效质量，从而提高系统的固有频率，而降低电路中的电感会提高系统的等效质量，降低系统的固有频率。Zhou 等[128]利用不动点原理、H_2 优化方法以及最大阻尼准则三种优化方法分别得到了在简谐激励、随机激励以及瞬态激励三种情况下谐振分支电路的最优参数，数值分析表明，电路中加入负电感有助于降低峰值响应、拓宽隔振带宽，从而提高阻尼性能。之后，Zhou 等[129]讨论了线性电磁能量收集器的线圈内电损耗对能量收集特性的影响规律。研究结果表明，正弦激励下，谐振电路在内阻较小情况下的能量俘获性能优于非谐振电路，增大内阻不利于谐振电路的宽频带俘能性能，随机振动情况下谐振电路俘能性能并没有明显优势。更多关于分支电路的研究与应用请参阅文献［130, 131］。

随着装备功能化提升，系统特征难以把握，传统电磁分支电路阻尼的振动控制效果受限，无法满足装备的振动控制要求，自适应谐振式分支电路为分支电路的发展指明了方向，但相应的自适应率设计，最优阻尼设计方法依然面临挑战。

1.4　本章小结

本章从传统线性隔振原理出发，着重介绍了"三弹簧"式准零刚度隔振、磁悬浮式准零刚度隔振、仿生隔振、多方向准零刚度隔振以及双稳态振动抑制技术的国内外研究与发展现状。隔振的核心问题是拓宽频带和提升隔振品质，目前已有多位学者聚焦在如何采用新手段来不断降低隔振系统频率，实现高品质隔振。

对类似于准零刚度隔振新方法的研究如"雨后春笋"，逐步成为隔振领域的研究热点，非线性隔振新方法与新原理对于提升隔振系统性能起到关键作用。磁结构是一种有效的手段以获取非线性特征，现有研究聚焦在基于磁悬浮结构的准零刚度隔振系统的设计与分析中。然而，该类结构存在大幅失效、小幅失稳的缺陷，且在工程化的过程中存在磁刚度不易确定、稳定性不足及磁刚度不易调节等难题。因此，新型电磁耦合结构的设计显得十分重要。此外，非线性系统不可避免地存在复杂的动力学行为[49]，其如何影响隔振性能并进行合理的调控也至关重要。目前，大多数非线性隔振系统尚未充分考虑系统在复杂激励环境下稳定性控制问题，迫切需要相应的调控技术，助力非线性隔振技术从理论研究走向工程应用。

第2章

非线性磁力模型及磁刚度分析理论基础

2.1 引言

重大装备在复杂动力学环境下的振动响应突出，影响其性能提升，隔振是应用最为广泛的一种减振手段。自 2008 年 Ibrahim[2] 系统总结非线性准零刚度隔振技术以来，相应的隔振系统设计、理论建模与及试验得到了广泛而深入的研究。其中，最经典的"三弹簧"式准零刚度隔振器采用几何非线性实现了等效负刚度和非线性刚度[3]，负刚度与线性弹簧并联可使系统的等效线性刚度趋于零，而非线性刚度保证了系统的静支撑能力，这样隔振系统的隔振频带得到了扩展，可实现超低频或近零域隔振。

永磁体间的吸力或斥力是一种强非线性力，具有作动力大、响应速度快、非接触、成本低及寿命长等诸多优点，适用于大、小型结构隔振系统的设计[4]。磁刚度非线性隔振系统的隔振性能在很大程度上取决于永磁结构的设计，以获取磁负刚度及低频率等隔振参数。因此，掌握磁结构的非线性磁力模型及磁刚度分析理论，是发展高性能磁刚度非线性隔振技术的基础。

本章主要介绍磁刚度非线性隔振器设计过程中首先涉及的非线性磁力模型及磁刚度分析理论基础，首先简要介绍了永磁材料，并给出了单个环形永磁体外任意一点的磁感应强度计算。其次，建立了一对同极正对的环形永磁体间及任意位置的一对环形永磁体间非线性磁力模型。然后，建立了磁刚度的分析方法。最后，结合永磁体的结构特征，分别介绍了几种典型的非线性磁结构。

2.2　永磁体材料

磁性是物质的基本属性之一，约在三千年前就已经被人所认知。磁性材料可分为硬磁材料和软磁材料。其中，硬磁材料指材料在外部磁场中磁化到饱和，在去掉外磁场后，仍然能够保持高剩磁，并提供稳定磁场的磁性材料，也叫永磁材料。永磁材料被大规模应用于能源、通信、交通、计算机、医疗器械等诸多行业。近年来，永磁材料也被广泛应用于计算机、汽车、仪器仪表、家用电器、石油化工、医疗保健、航空航天等行业中的各类微特电机、磁元件、传感器设计、振动俘能及振动控制等领域。

常用的永磁材料分为铝镍钴系永磁合金、铁铬钴系永磁合金、永磁铁氧体、稀土永磁材料和复合永磁材料等。其中，合金永磁材料包括稀土永磁材料（钕铁硼 Nd2Fe14B）、钐钴、铝镍钴。稀土永磁材料因磁化后撤去外磁场而能长期保持较强磁性而广泛应用于隔振系统的设计中。

一般而言，稀土永磁体可以根据需要进行结构设计，并且沿一定的方向磁化后使用。目前，市场上常见的有马蹄形、圆柱形、环形、矩形、薄壁环、扇形及球形等形状的永磁体。环形永磁体因其可设计性好、易于机械装配等优点，可用于磁隔振系统的设计。本专著是作者近年来在低频隔振领域工作的总结，主要介绍基于环形永磁体进行磁刚度非线性隔振系统的设计。因此，本章主要介绍环形永磁体的磁感应强度、非线性永磁力建模以及磁刚度的计算与分析方法。

2.3　环形永磁体的磁感应强度

2.3.1　理论模型

麦克斯韦方程组给出了电场、磁场与电荷密度、电流密度之间关系的定量描述，其中也包含了本书所涉及的磁场间的相互作用力。为了得到环形永磁体间的永磁力，一般而言，可将其简化为电流模型或电荷模型，这样可以采用安培力定理进行求解。本章主要对环形永磁体的磁场及永磁力进行建模。

图 2-1 为单个环形永磁体的电流模型，可将环形永磁体简化为体电流密度 J_m 和面电流密度 J_s[132]。假设磁体沿轴向以磁化矢量 $M = Mz$ 均匀磁化，其中，

z 为单位轴向矢量。此时，体电流密度和面电流密度可以分别写为

$$J_v = \nabla \times M = 0 \tag{2-1}$$

$$J_s = M \times r = M\varphi \tag{2-2}$$

式中，∇ 为那勃勒（Nabla）算子；r 为单位径向矢量；φ 为单位周向角度矢量。

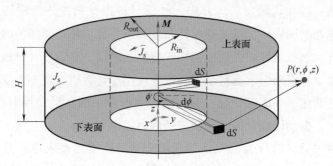

图 2-1　单个环形永磁体的电流模型

可以看出，沿轴向均匀磁化的环形永磁体的体电流密度为零。此外，由于磁体上、下表面的法向矢量与 z 平行，上、下表面的面电流密度也为零。这样一来，环形永磁体仅剩内外两个表面的面电流密度。定义外表面的外法线方向设为正方向，此时，环形永磁体的面电流密度可以写为

$$J_s = \begin{cases} -M\varphi & \text{当 } r = R_{in} \\ M\varphi & \text{当 } r = R_{out} \end{cases} \tag{2-3}$$

式中，R_{in} 和 R_{out} 分别为永磁体的内外半径。

磁化矢量 M 和磁感应强度 B 有如下关系：

$$H = \frac{B}{\mu_0} - M \tag{2-4}$$

式中，H 为磁场强度。

通过磁化矢量 M 磁化永磁体时，H 和 B 构成磁滞回路，当 H 为 0 时的磁感应强度称为剩磁强度，记为 B_{r0}，$\mu_0 = 4\pi \times 10^{-7}$ 为真空中的磁导率，则有 $B_{r0} = \mu_0 M$。这样一来，在柱坐标下，环形永磁体外任意一点 P 处磁感应强度可以写为以下矢量形式

$$B(r,\phi,z) = B_r(r,\phi,z)r + B_\phi(r,\phi,z)\phi + B_z(r,\phi,z)z \tag{2-5}$$

式中

$$B_r(r,\phi,z) = \frac{\mu_0 M}{4\pi} \sum_{j=1}^{2} \sum_{k=1}^{2} (-1)^{(j+k)} \int_0^{2\pi} \cos(\phi - \phi') \times$$
$$d(r,\phi,z;R_c(j),\phi',z_k)R_c(j)\,d\phi' \tag{2-6}$$

$$B_\phi(r,\phi,z) = 0 \tag{2-7}$$

$$B_z(r,\phi,z) = \frac{\mu_0 M}{4\pi} \sum_{j=1}^{2} (-1)^{(j+1)} \int_{z_1}^{z_2} \int_{0}^{2\pi} \left[r\cos(\phi-\phi') - R_c(j) \right] \times$$

$$\left[d(r,\phi,z;R_c(j),\phi',z') \right]^3 R_c(j) \mathrm{d}\phi' \mathrm{d}z' \tag{2-8}$$

式中　　$d(r,\phi,z;r',\phi',z') = \left[r^2 + r'^2 - 2rr'\cos(\phi-\phi') + (z-z')^2 \right]^{-1/2}$ (2-9)

其中，r' 为具有面电流密度的永磁体内外表面半径，$R_c(1) = R_{in}$，$R_c(2) = R_{out}$。

2.3.2　仿真分析

上述理论模型给出了环形永磁体外任意一点的磁感应强度的计算方法，现任取一环形永磁体来验证以上理论结果，其中，尺寸为 $\phi15mm \times 6mm$，内径为 $4mm$，剩磁强度 B_r 为 1.31T。根据式（2-6）和式（2-7），图 2-2 为该环形永磁体外任意一点 P（22mm，0，−2mm）处的 B_r 和 B_z 随 H/R_{in} 以及 R_{out}/R_{in} 变化的曲线，图 2-3 为 2D 云图，可以看出，磁感应强度 B_r 和 B_z 随着磁体厚度 H 和外径 R_{out} 的增大而增大。因此，可通过增大磁体的厚度以及外径来增大磁感应强度。

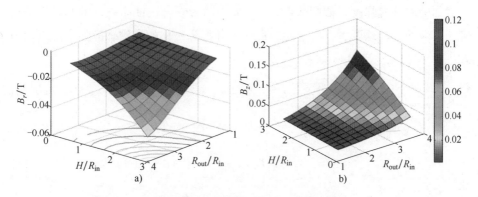

图 2-2　环形永磁体磁感应强度

a）B_r 随 H/R_{in} 及 R_{out}/R_{in} 的变化规律　b）B_z 随 H/R_{in} 及 R_{out}/R_{in} 的变化规律

2.3.3　剩磁强度的标定

虽然式（2-5）~式（2-8）可用于计算磁感应强度，但是所购置永磁体的真实剩磁感应强度与出厂标定值存在一定的误差，在一定程度上影响非线性磁力及机电耦合系数的计算精度。因此，准确的剩磁强度对于非线性力及刚度的分析至关重要。由以上理论分析可知，环形永磁体上下表面的 B_r 为零，仅 B_z

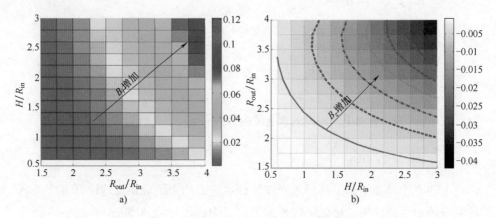

图 2-3　环形永磁体磁感应强度 2D 云图

a）B_r 随 H/R_{in} 及 R_{out}/R_{in} 变化规律　b）B_z 随 H/R_{in} 及 R_{out}/R_{in} 变化规律

贡献了环形永磁体的磁感应强度 $\boldsymbol{B}$。因此，可用以下的方法对环形永磁体的剩磁进行标定。首先，假设磁场强度 $\boldsymbol{M}$ 是常数，因此，可根据式（2-8）先计算磁体上表面或下表面的磁感应强度 B_z。其次，使用高斯计测量磁体上表面或下表面的磁感应强度，如图 2-4 所示。如果两者吻合，证明磁体的剩磁无须标定。一般而言，这两者存在差距，此时，环形永磁体的剩磁感应强度可以用下式进行标定：

$$B_{r0} = \frac{B_{z,测量}}{B_{z,p}} B_{r0,假设} \tag{2-10}$$

当 $B_{r0,假设}$ 为 1 时，可得

$$B_{r0} = \frac{B_{z,测量}}{B_{z,p}} \tag{2-11}$$

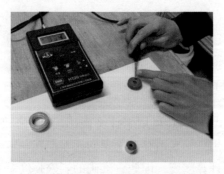

图 2-4　用高斯计测量磁感应强度

表 2-1 为三种不同尺寸的环形永磁体，图 2-5 为计算和测量的三种环形永磁体的剩磁感应强度曲线，可以根据式（2-11）推算出三个环形永磁体的剩磁感应强度分别为 1.0325T、0.96T 和 1.1912T。

表 2-1　三种环形永磁体的尺寸

永磁体类型	内半径/mm	外半径/mm	高度/mm
PM^b	2	7.5	10
PM^a	3	12.25	8
PM^T	4	14	10

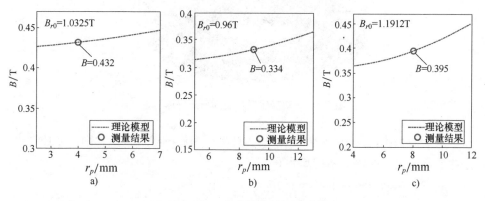

图 2-5　不同永磁体的磁感应强度

a) PM^b　b) PM^a　c) PM^T

2.4　非线性磁力模型

2.4.1　轴线重合的一对环形永磁体间非线性磁力

图 2-6 为一对轴线重合的环形永磁体模型，由沿轴向磁化的环形永磁体 PM^M 和 PM^b 构成，按照磁化矢量分为 M_M 和 M_b 磁化。下面根据电流模型给出非线性磁力的计算表达式。

对于环形永磁体 PM^M，体电流密度为 $J_v = \nabla \times M = 0$，由上节知识，可将面电流密度写为[50, 133]：

$$\boldsymbol{J}_{sM} = \boldsymbol{M}_M \times \boldsymbol{r} = \begin{cases} -M_M \boldsymbol{\varphi} = -\dfrac{B_{rM}}{\mu_0} \boldsymbol{\varphi} & \text{当 } r = R_{Min} \\[4mm] M_M \boldsymbol{\varphi} = \dfrac{B_{rM}}{\mu_0} \boldsymbol{\varphi} & \text{当 } r = R_{Mout} \end{cases} \tag{2-12}$$

其中，B_{rM} 为永磁体的剩磁感应强度；R_{Min} 和 R_{Mout} 为磁环的内、外径。

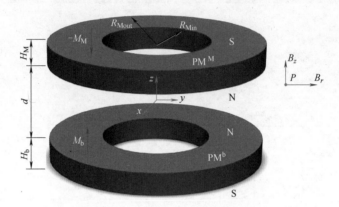

图 2-6　一对轴线重合的环形永磁体模型

由于 $z \times z = 0$，其中，$(\boldsymbol{r},\ \boldsymbol{z},\ \boldsymbol{\varphi})$ 为柱坐标系中的单位矢量，因此，环形永磁体上、下表面的电流密度均为 0。

同理，环形永磁体 PM^b 的面电流密度可以写为

$$\boldsymbol{J}_{sb} = \boldsymbol{M}_b \times \boldsymbol{r} = \begin{cases} -M_b \boldsymbol{\varphi}_b = -\dfrac{B_{rb}}{\mu_0} \boldsymbol{\varphi}_b & \text{当 } r = R_{bin} \\[4mm] M_b \boldsymbol{\varphi}_b = \dfrac{B_{rb}}{\mu_0} \boldsymbol{\varphi}_b & \text{当 } r = R_{bout} \end{cases} \tag{2-13}$$

根据安培力定理，永磁体 PM^b 的载流元 $\boldsymbol{J}_{sb}dS_b$ 对永磁体 PM^M 的载流元 $\boldsymbol{J}_{sM}dS_M$ 产生的永磁力可按照式（2-14）计算[134]：

$$d\boldsymbol{F}_{PM^b, PM^M} = \boldsymbol{J}_{sM}dS_M \times \boldsymbol{B}_{PM^b, PM^M} \tag{2-14}$$

其中，$\boldsymbol{B}_{PM^b, PM^M}$ 为永磁体 PM^b 在永磁体 PM^M 上任意一点 P^M 处产生磁感应强度。

将式（2-12）和式（2-13）代入式（2-14），积分可得

$$\boldsymbol{F}_{PM^b, PM^M} = \frac{\mu_0 M_M M_b}{4\pi} \sum_{j=1}^{2} \sum_{k=1}^{2} (-1)^{j+k} \int_0^{2\pi} \int_0^{2\pi} \int_{d+\frac{H_b}{2}}^{d+\frac{H_b}{2}+H_M} (\varphi_1 - \varphi_2) \, dz d\varphi_b d\varphi_M \cdot z \tag{2-15}$$

其中

$$\varphi_1 = \frac{\cos(\varphi_M - \varphi_b) R_c(j) R_{Min}}{\left[R_{Min}^2 + R_c^2(j) - 2R_{Min}R_c(j)\cos(\varphi_M - \varphi_b) + (z_M - z(k))^2 \right]^{1/2}} \quad (2\text{-}16)$$

$$\varphi_2 = \frac{\cos(\varphi_M - \varphi_b) R_c(j) R_{Mout}}{\left[R_{Mout}^2 + R_c^2(j) - 2R_{Mout}R_c(j)\cos(\varphi_M - \varphi_b) + (z_M - z(k))^2 \right]^{1/2}}$$

式中，$z(1) = z - \dfrac{H_b}{2}$，$z(2) = z + \dfrac{H_b}{2}$。当两个磁体的间距不变时，$z = 0$。

　　需要说明的是，电流模型是一种对永磁体所产生的磁场和磁力进行近似解析建模的方法。另外，电荷模型也是一种有效分析永磁体的方式，分析方法和过程与电流模型类似。不同的是，电荷模型把永磁体近似为体电荷密度 ρ_m 和面电荷密度 σ_m，其中，$\rho_m = -\nabla \cdot \boldsymbol{M} = -\nabla \cdot Mz$。对于图 2-6 所示的均匀磁化环形永磁体，体电荷密度为 0，面电荷密度可以用 $\sigma_m = \boldsymbol{M} \cdot \boldsymbol{n}$ 计算，其中，$\boldsymbol{n}$ 为磁体上表面的外法线方向，因此，上下表面的面电荷密度分别为 M 和 $-M$。相关的磁力分析和计算可参考文献 [132]。

2.4.2　轴线不平行的一对环形永磁体间非线性磁力

　　上一小节讨论了轴线重合的两环形永磁体间非线性磁力计算，本小节将讨论更为一般的情况，即轴线不重合的情况，如图 2-7 所示，磁体 PM^b 与水平线之间的夹角为 θ。

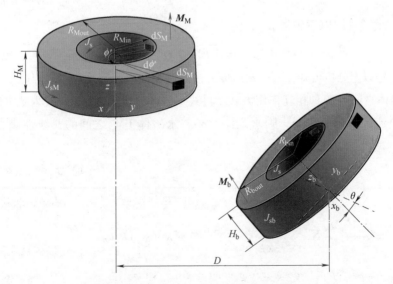

图 2-7　轴线不重合的环形永磁体对电流模型

两个磁体的面电流密度仍然可以使用上节给出的式（2-12）和式（2-13）进行计算，其中，永磁体 PM^b 的载流微元 $\boldsymbol{J}_{sb}\mathrm{d}S_b$ 对永磁体 PM^M 的载流微元 $\boldsymbol{J}_{sM}\mathrm{d}S_M$ 产生的永磁力也可以用式（2-14）计算。由于 PM^M 和 PM^b 的轴线不重合，存在夹角 θ，可在 PM^b 几何中心建立局部坐标系（$\boldsymbol{r}_b$，$\boldsymbol{\varphi}_b$，$\boldsymbol{z}_b$），其与柱坐标系（$\boldsymbol{r}$，$\boldsymbol{z}$，$\boldsymbol{\varphi}$）之间的转换矩阵表示为

$$\boldsymbol{T}(\theta) = \begin{pmatrix} 1 & 0 & 0 \\ 0 & \cos\theta & -\sin\theta \\ 0 & \sin\theta & \cos\theta \end{pmatrix} \tag{2-17}$$

因此，局部坐标系中永磁体 PM^b 的载流元 $\boldsymbol{J}_{sb}\mathrm{d}S_b$ 可通过转换矩阵转换到广义主坐标系中

$$\boldsymbol{J}_{sb}\mathrm{d}S_b = M_b R_b(k_b)\,\mathrm{d}\varphi_b \mathrm{d}z_b \boldsymbol{T}(\theta)(-\sin\varphi_b \boldsymbol{x}_b + \cos\varphi_b \boldsymbol{y}_b)^T,\,(k_b = 1,2) \tag{2-18}$$

其中，$k_b = 1$ 表示永磁体 PM^b 的内表面，此时 $R_b(1) = R_{bin}$；$k_b = 2$ 表示永磁体 PM^b 的外表面，此时 $R_b(2) = R_{bout}$。

根据毕奥萨伐尔定律可知[134]

$$\boldsymbol{B}_{PM^b,PM^M}(k_M) = \sum_{k_b=1}^{2} \frac{\mu_0}{4\pi} \int_0^{2\pi} \int_{H-\frac{H_M}{2}}^{H+\frac{H_M}{2}} \frac{(-1)^{k_b}\boldsymbol{J}_{sb}\mathrm{d}S_b \times \boldsymbol{d}_{PM_{k_b}^b,PM_{k_M}^M}}{|\boldsymbol{d}_{PM_{k_b}^b,PM_{k_M}^M}|^3},\,(k_M = 1,2)$$

$$\tag{2-19}$$

其中，$k_M = 1$ 和 $k_M = 2$ 分别为永磁体 PM^M 的内、外径；$\boldsymbol{d}_{PM_{k_b}^b,PM_{k_M}^M}$ 为两载流元之间的矢距，可用以下矢量表示

$$\boldsymbol{d}_{PM^b,PM^M} = \overrightarrow{P^bO^b} + \overrightarrow{O^bO^M} + \overrightarrow{O^MP^M} \tag{2-20}$$

根据以上分析可知，环形永磁体有内外两个面电流密度矢量。因此，一对环形永磁体之间有四种相互作用方式。将式（2-18）和式（2-19）代入式（2-14），并对电流源进行面积分，则永磁体 PM^b 和永磁体 PM^M 之间的非线性磁力可表示为

$$\boldsymbol{F}_{PM^b,PM^M} = \int_0^{2\pi} \int_{-\frac{H_b}{2}}^{\frac{H_b}{2}} \sum_{k_M=1}^{2} (-1)^{k_M} \boldsymbol{J}_{sM}\mathrm{d}S_M \times \sum_{k_b=1}^{2} \frac{\mu_0}{4\pi} \int_0^{2\pi} \int_{H-\frac{H_M}{2}}^{H+\frac{H_M}{2}} \frac{(-1)^{k_b}\boldsymbol{J}_{sb}\mathrm{d}S_b \times \boldsymbol{d}_{PM_{k_b}^b,PM_{k_M}^M}}{|\boldsymbol{d}_{PM_{k_b}^b,PM_{k_M}^M}|^3}$$

$$= \frac{\mu_0 M_M M_b}{4\pi} \sum_{k_M=1}^{2} \sum_{k_b=1}^{2} \sum_{k_HM=1}^{2} (-1)^{k_M+k_b+k_HM} R_M(k_M) R_b(k_b) \times$$

$$\int_0^{2\pi} \int_{-\frac{H_b}{2}}^{\frac{H_b}{2}} \int_0^{2\pi} \frac{\cos\varphi_M \cos\varphi_b \cos\theta + \sin\varphi_M \sin\varphi_b}{|\boldsymbol{d}_{PM_{k_b}^b,PM_{k_M}^M}|} \mathrm{d}\varphi_M \mathrm{d}z_b \mathrm{d}\varphi_b \tag{2-21}$$

$$\left| \boldsymbol{d}_{\mathrm{PM}_{k_{\mathrm{b}}}^{\mathrm{b}},\mathrm{PM}_{k_{\mathrm{M}}}^{\mathrm{M}}} \right| = \sqrt{ d_x^2 \big|_{\mathrm{PM}_{k_{\mathrm{b}}}^{\mathrm{b}},\mathrm{PM}_{k_{\mathrm{M}}}^{\mathrm{M}}} + d_y^2 \big|_{\mathrm{PM}_{k_{\mathrm{b}}}^{\mathrm{b}},\mathrm{PM}_{k_{\mathrm{M}}}^{\mathrm{M}}} + d_z^2 \big|_{\mathrm{PM}_{k_{\mathrm{b}}}^{\mathrm{b}},\mathrm{PM}_{k_{\mathrm{M}}}^{\mathrm{M}}} }$$

$$d_x \big|_{\mathrm{PM}_{k_{\mathrm{b}}}^{\mathrm{b}},\mathrm{PM}_{k_{\mathrm{M}}}^{\mathrm{M}}} = R_{\mathrm{b}}(k_{\mathrm{b}})\cos\varphi_{\mathrm{b}} - R_{\mathrm{M}}(k_{\mathrm{M}})\cos\varphi_{\mathrm{M}} \qquad (2\text{-}22)$$

$$d_y \big|_{\mathrm{PM}_{k_{\mathrm{b}}}^{\mathrm{b}},\mathrm{PM}_{k_{\mathrm{M}}}^{\mathrm{M}}} = R_{\mathrm{b}}(k_{\mathrm{b}})\sin\varphi_{\mathrm{b}}\cos\theta - z_{\mathrm{b}}\sin\theta + D - R_{\mathrm{M}}(k_{\mathrm{M}})\sin\varphi_{\mathrm{M}}$$

$$d_z \big|_{\mathrm{PM}_{k_{\mathrm{b}}}^{\mathrm{b}},\mathrm{PM}_{k_{\mathrm{M}}}^{\mathrm{M}}} = R_{\mathrm{b}}(k_{\mathrm{b}})\sin\varphi_{\mathrm{b}}\sin\theta + z_{\mathrm{b}}\cos\theta - H - z - z_{\mathrm{M}}(k_{H\mathrm{M}})$$

其中，z 为永磁体间的相对位移，$z_{\mathrm{M}}(1) = z - \dfrac{H_{\mathrm{M}}}{2}$，$z_{\mathrm{M}}(2) = z + \dfrac{H_{\mathrm{M}}}{2}$；$D$、$\theta$、$H_{\mathrm{M}}$ 和 H_{b} 如图 2-7 所示；"b" 和 "M" 代表永磁体 PM^{b} 和 PM^{M}。

2.4.3　非线性磁力的测量

以上两小节给出了两种特殊情况下环形永磁体间的非线性磁力的表达式，为了验证基于电流模型结果正确性和有效性，本小节基于测力计，设计了非线性磁力测试试验，并开展了多组测试。

为了降低铁磁性材料对磁力的干扰，试验中尽量选取非金属材料或铝合金设计夹具。表 2-2 为所选取 PM^{M} 和 PM^{b} 环形永磁体参数。首先验证 2.4.1 节中计算一对正对环形永磁体间磁力时式（2-15）的有效性。由图 2-8 可知，试验和计算的磁力结果吻合较好，验证了式（2-15）的正确性。此外，将 PM^{M} 和

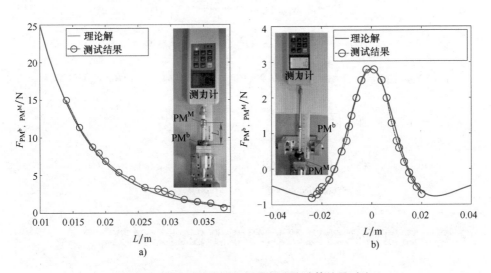

图 2-8　两种磁结构磁力测量与理论计算结果对比

a）磁体布置一　b）磁体布置二

PM^{b}的轴向按照垂直方向安装，即 $\theta = 90°$，图 2-8b 为试验和仿真结果对比图，可以看出，试验结果验证了理论计算结果，这也表明基于电流模型的非线性磁力表达式可用于磁体间的磁力计算与评估。

表 2-2　两种永磁体几何参数及剩磁强度

永磁体类型	内径/mm	外径/mm	高度/mm	剩磁强度/T
PM^M	3	12.25	8	1.0325
PM^b	2	7.5	10	1.1912

2.5　非线性磁刚度

第 2.4 节给出了非线性磁力的近似理论计算表达式，可以看出，磁体间的永磁力与相对位移呈现出强非线性关系，也就是说，在设计永磁式隔振结构时，可以利用非线性磁力特征设计非线性磁刚度，以提升系统的隔振带宽。

由以上分析可知，当 $\theta = 0°$ 时，式（2-21）就退化为式（2-15），因此，对式（2-21）关于 z 求偏导数得到非线性磁刚度

$$K_{\mathrm{PM^b,PM^M}} = \frac{\partial F_{\mathrm{PM^b,PM^M}}}{\partial z} \tag{2-23}$$

因此，图 2-7 所示的环形永磁体所产生的等效磁刚度为

$$K_{\mathrm{PM^b,PM^M}} = \frac{\mu_0 M_M M_b}{4\pi} \sum_{k_M=1}^{2} \sum_{k_b=1}^{2} \sum_{k_H M=1}^{2} (-1)^{k_M+k_b+k_H M} R_M(k_M) R_b(k_b) \times$$

$$\int_0^{2\pi} \int_{-\frac{H_b}{2}}^{\frac{H_b}{2}} \int_0^{2\pi} \frac{K_{\mathrm{PM^b,PM^M},k}}{\left| \boldsymbol{d}_{\mathrm{PM}_{k_b}^b,\mathrm{PM}_{k_M}^M} \right|^{3/2}} \mathrm{d}\varphi_M \mathrm{d}z_b \mathrm{d}\varphi_b \tag{2-24}$$

$$K_{\mathrm{PM^b,PM^M},k} = \left[R_b(k_b)\sin\varphi_b\sin\theta + z_b\cos\theta - H - z - z_M(k_H M) \right] \times$$

$$(\cos\varphi_M\cos\varphi_b\cos\theta + \sin\varphi_M\sin\varphi_b) \tag{2-25}$$

2.6　其他常见的磁结构的非线性磁力模型

在工程中，常见的磁体结构有环形、矩形、圆柱形和楔形等，不同的磁体结构尽管性质类似，但所产生的磁场存在一定的差异，为完善非线性磁刚度理论，下面对其他几种常见磁体结构进行介绍。

2.6.1　矩形磁体

图 2-9 为一组矩形永磁体模型，由沿厚度方向磁化的矩形磁体 PM^M 和 PM^b 构成，分别按照磁化矢量 $\boldsymbol{M}_M$ 和 $\boldsymbol{M}_b$ 磁化，方向相反。假设每块磁体都均匀磁化。

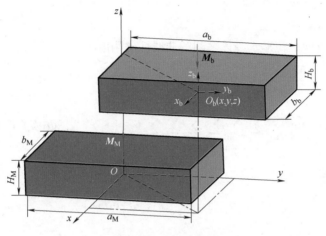

图 2-9　矩形永磁体模型

矩形永磁体 PM^b 和 PM^M 之间的非线性磁力可表示为[135]

$$\boldsymbol{F}_{PM^b,PM^M} = \frac{\boldsymbol{J}_{sb} \cdot \boldsymbol{J}_{sM}}{4\pi\mu_0} \sum_{i=0}^{1} \sum_{j=0}^{1} \sum_{k=0}^{1} \sum_{l=0}^{1} \sum_{p=0}^{1} \sum_{q=0}^{1} (-1)^{i+j+k+l+p+q} \Phi(U_{ij}, V_{kl}, W_{pq}, r)$$

（2-26）

其中

$$\Phi_x(U,V,W,r) = \frac{(V^2-W^2)}{2}\ln(r-U) + UV\ln(r-U) + VW\arctan\left(\frac{UV}{rW}\right) + \frac{r}{2}U$$

$$\Phi_y(U,V,W,r) = \frac{(U^2-W^2)}{2}\ln(r-V) + UV\ln(r-U) + UW\arctan\left(\frac{UV}{rW}\right) + \frac{r}{2}V \quad (2\text{-}27)$$

$$\Phi_z(U,V,W,r) = -UW\ln(r-U) + VW\ln(r-U) + UV\arctan\left(\frac{UV}{rW}\right) + rW$$

式中

$$U_{ij} = x + (-1)^j a_b - (-1)^i a_M$$

$$V_{kl} = y + (-1)^l b_b - (-1)^k b_M$$

$$W_{pq} = z + (-1)^q H_b - (-1)^p H_M$$

31

$$r = \sqrt{U_{ij}^2 + V_{kl}^2 + W_{pq}^2} \tag{2-28}$$

图 2-9 中，矩形永磁体 PM^b 和 PM^M 相斥，即[17]

$$\boldsymbol{J}_{sb} \cdot \boldsymbol{J}_{sM} = -J_{sb}J_{sM} \tag{2-29}$$

尽管在本模型中两块矩形永磁体为相斥排列，但当它们为相吸排列时，计算仍然有效，只需将式（2-29）改为 $\boldsymbol{J}_{sb} \cdot \boldsymbol{J}_{sM} = J_{sb}J_{sM}$ 即可。矩形永磁体与第 2.4 节中所分析的环形永磁体类似，根据式（2-23）可求得矩形永磁体之间的非线性磁刚度。

对于 z 方向上矩形永磁体之间的非线性磁刚度为

$$K_{PM^b,PM^M} = \frac{\partial \boldsymbol{F}_{PM^b,PM^M}}{\partial z}$$

$$= -\frac{J_{sb}J_{sM}}{4\pi\mu_0} \sum_{i=0}^{1} \sum_{j=0}^{1} \sum_{k=0}^{1} \sum_{l=0}^{1} \sum_{p=0}^{1} \sum_{q=0}^{1} (-1)^{i+j+k+l+p+q} \Phi(U_{ij}, V_{kl}, W_{pq}, r)$$

$$\tag{2-30}$$

其中

$$\Phi(U_{ij}, V_{kl}, W_{pq}, r) = r + V\ln(r - V) \tag{2-31}$$

2.6.2　圆柱形磁体

图 2-10 为单个圆柱形永磁体示意图，假设该永磁体为理想永磁体，此时圆柱形永磁体可以看作 $R_{in} = 0$ 的环形永磁体，因此，由式（2-5）可得圆柱形永磁体外任意一点 P 处磁感应强度为

$$\boldsymbol{B}(r, \phi, z) = B_r(r, \phi, z)\boldsymbol{r} + B_\phi(r, \phi, z)\boldsymbol{\phi} + B_z(r, \phi, z)\boldsymbol{z} \tag{2-32}$$

其中

$$B_r(r, \phi, z) = \frac{\mu_0 M}{4\pi} \sum_{k=1}^{2} (-1)^k \int_0^{2\pi} \cos(\phi - \phi') \times d(r, \phi, z; R, \phi', z_k) R\mathrm{d}\phi'$$

$$\tag{2-33}$$

$$B_\phi(r, \phi, z) = 0 \tag{2-34}$$

$$B_z(r, \phi, z) = -\frac{\mu_0 M}{4\pi} \int_{z_1}^{z_2} \int_0^{2\pi} [r\cos(\phi - \phi') - R] \times [d(r, \phi, z; R, \phi', z')]^3 R\mathrm{d}\phi'\mathrm{d}z'$$

$$\tag{2-35}$$

式中　$d(r, \phi, z; r', \phi', z') = [r^2 + r'^2 - 2rr'\cos(\phi - \phi') + (z - z')^2]^{-1/2} \tag{2-36}$

对于两块圆柱形磁体之间的非线性磁力与磁刚度的计算，同样可以参考环形永磁体的计算，即 $R_{in} = 0$。由式（2-21）与式（2-25）分别可以计算得一对

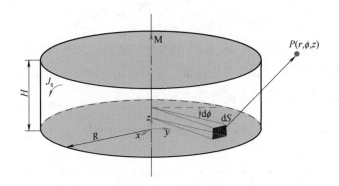

图 2-10 单个圆柱形永磁体模型

圆柱形永磁体之间的磁力与非线性磁刚度，磁力可表示为

$$\boldsymbol{F}_{\mathrm{PM^b,PM^M}} = \int_0^{2\pi} \int_{-\frac{H_\mathrm{b}}{2}}^{\frac{H_\mathrm{b}}{2}} \boldsymbol{J}_{\mathrm{sM}} \mathrm{d}S_\mathrm{M} \times \sum_{k_\mathrm{b}=1}^{2} \frac{\mu_0}{4\pi} \int_0^{2\pi} \int_{H-\frac{H_\mathrm{M}}{2}}^{H+\frac{H_\mathrm{M}}{2}} \frac{(-1)^{k_\mathrm{b}} \boldsymbol{J}_{\mathrm{sb}} \mathrm{d}S_\mathrm{b} \times \boldsymbol{d}_{\mathrm{PM}_{k_\mathrm{b}}^\mathrm{b},\mathrm{PM}_{k_\mathrm{M}}^\mathrm{M}}}{\left| \boldsymbol{d}_{\mathrm{PM}_{k_\mathrm{b}}^\mathrm{b},\mathrm{PM}_{k_\mathrm{M}}^\mathrm{M}} \right|^3}$$

$$= \frac{\mu_0 M_\mathrm{M} M_\mathrm{b}}{4\pi} \sum_{k_\mathrm{M}=1}^{2} \sum_{k_\mathrm{b}=1}^{2} \sum_{k_H\mathrm{M}=1}^{2} (-1)^{k_\mathrm{M}+k_\mathrm{b}+k_H\mathrm{M}} R_\mathrm{M} R_\mathrm{b} \times$$

$$\int_0^{2\pi} \int_{-\frac{H_\mathrm{b}}{2}}^{\frac{H_\mathrm{b}}{2}} \int_0^{2\pi} \frac{\cos\varphi_\mathrm{M}\cos\varphi_\mathrm{b}\cos\theta + \sin\varphi_\mathrm{M}\sin\varphi_\mathrm{b}}{\left| \boldsymbol{d}_{\mathrm{PM}_{k_\mathrm{b}}^\mathrm{b},\mathrm{PM}_{k_\mathrm{M}}^\mathrm{M}} \right|} \mathrm{d}\varphi_\mathrm{M} \mathrm{d}z_\mathrm{b} \mathrm{d}\varphi_\mathrm{b} \qquad (2\text{-}37)$$

$$\left| \boldsymbol{d}_{\mathrm{PM}_{k_\mathrm{b}}^\mathrm{b},\mathrm{PM}_{k_\mathrm{M}}^\mathrm{M}} \right| = \sqrt{d_x^2 \big|_{\mathrm{PM}_{k_\mathrm{b}}^\mathrm{b},\mathrm{PM}_{k_\mathrm{M}}^\mathrm{M}} + d_y^2 \big|_{\mathrm{PM}_{k_\mathrm{b}}^\mathrm{b},\mathrm{PM}_{k_\mathrm{M}}^\mathrm{M}} + d_z^2 \big|_{\mathrm{PM}_{k_\mathrm{b}}^\mathrm{b},\mathrm{PM}_{k_\mathrm{M}}^\mathrm{M}}}$$

$$d_x \big|_{\mathrm{PM}_{k_\mathrm{b}}^\mathrm{b},\mathrm{PM}_{k_\mathrm{M}}^\mathrm{M}} = R_\mathrm{b}(k_\mathrm{b})\cos\varphi_\mathrm{b} - R_\mathrm{M}(k_\mathrm{M})\cos\varphi_\mathrm{M} \qquad (2\text{-}38)$$

$$d_y \big|_{\mathrm{PM}_{k_\mathrm{b}}^\mathrm{b},\mathrm{PM}_{k_\mathrm{M}}^\mathrm{M}} = R_\mathrm{b}(k_\mathrm{b})\sin\varphi_\mathrm{b}\cos\theta - z_\mathrm{b}\sin\theta + D - R_\mathrm{M}(k_\mathrm{M})\sin\varphi_\mathrm{M}$$

$$d_z \big|_{\mathrm{PM}_{k_\mathrm{b}}^\mathrm{b},\mathrm{PM}_{k_\mathrm{M}}^\mathrm{M}} = R_\mathrm{b}(k_\mathrm{b})\sin\varphi_\mathrm{b}\sin\theta + z_\mathrm{b}\cos\theta - H - z - z_\mathrm{M}(k_H\mathrm{M})$$

磁刚度可表示为

$$K_{\mathrm{PM^b,PM^M}} = \frac{\partial \boldsymbol{F}_{\mathrm{PM^b,PM^M}}}{\partial z} \qquad (2\text{-}39)$$

2.6.3 楔形磁体

图 2-11 为楔形永磁体三维图与俯视图，面单元 $\mathrm{d}S_i$ 与面单元 $\mathrm{d}S_j$ 之间的磁力可表示为[50]

$$dF = \frac{\mu_0}{4\pi} \frac{\sigma_i \sigma_j (\boldsymbol{p}_j - \boldsymbol{p}_i)}{|\boldsymbol{p}_j - \boldsymbol{p}_i|^3} dS_i dS_j \qquad (2\text{-}40)$$

其中，$\boldsymbol{p}_i$ 与 $\boldsymbol{p}_j$ 分别为面单元 dS_i 与 dS_j 的位置矢量，σ_i 为面 i 的电荷密度（$i=1$，2，3，4），假设楔形永磁体为理想模型，均匀磁化，则面 5 和面 6 的磁荷密度为零，而其他几个面的磁荷密度可表示为

$$\begin{cases} \sigma_1 = -\dfrac{J}{\mu_0}(\cos\alpha\cos\beta + \sin\alpha\sin\beta) \\[2mm] \sigma_2 = \dfrac{J}{\mu_0}(\cos\alpha\cos\beta + \sin\alpha\sin\beta) \\[2mm] \sigma_3 = \sigma_4 = \dfrac{J}{\mu_0}\sin\theta \end{cases} \qquad (2\text{-}41)$$

其中，β 为 y 轴与 $\boldsymbol{p}_i$ 的夹角，$J = B_r$。因此 dF 在 z 方向上的分量可表示为

$$dF_z = \frac{\mu_0}{4\pi} \frac{\sigma_i \sigma_j (h_1 - h_2)}{|\boldsymbol{p}_j - \boldsymbol{p}_i|^3} dS_i dS_j \qquad (2\text{-}42)$$

其中，h_1 与 h_2 分别是 $\boldsymbol{p}_i$ 与 $\boldsymbol{p}_j$ 在 z 方向上的分量。

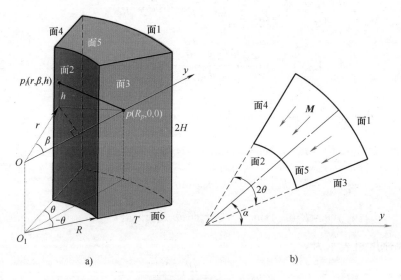

a)　　　　　　　　　　　　　b)

图 2-11　单个楔形永磁体

a）三维图　b）俯视图

图 2-12 为一对沿径向磁化的楔形永磁体 PM^M 和 PM^b，根据式（2-41）可以分别得到 PM^M 和 PM^b 面单元之间的磁力。永磁体 PM^M 的面 1 与 PM^b 的面 1 之间的磁力可以表示为

$$F_{\mathrm{M1b1}}^{z} = \frac{\mu_0}{4\pi} \iint \frac{\sigma_{\mathrm{M1}} \sigma_{\mathrm{b1}} (h_1 - h_2)}{|\boldsymbol{p}_{\mathrm{b1}} - \boldsymbol{p}_{\mathrm{M1}}|^3} \mathrm{d}S_{\mathrm{b1}} \mathrm{d}S_{\mathrm{M1}}$$

$$= \frac{\mu_0}{4\pi} \int_{H-L_{\mathrm{M}}}^{H+L_{\mathrm{M}}} \int_{-L_{\mathrm{b}}}^{L_{\mathrm{b}}} \int_{\alpha_{\mathrm{M}}-\theta_{\mathrm{M}}}^{\alpha_{\mathrm{M}}+\theta_{\mathrm{M}}} \int_{\alpha_{\mathrm{b}}-\theta_{\mathrm{b}}}^{\alpha_{\mathrm{b}}+\theta_{\mathrm{b}}} \frac{\sigma_{\mathrm{M1}} \sigma_{\mathrm{b1}} (h_1 - h_2)}{|\boldsymbol{p}_{\mathrm{b1}} - \boldsymbol{p}_{\mathrm{M1}}|^3} (R_1 + T_1)(R_2 + T_2) \mathrm{d}h_1 \mathrm{d}h_2 \mathrm{d}\beta_1 \mathrm{d}\beta_2$$

$$(2\text{-}43)$$

其中

$$\sigma_{\mathrm{M1}} = \frac{J}{\mu_0} (\cos\alpha_{\mathrm{M}} \cos\beta_{\mathrm{M}} + \sin\alpha_{\mathrm{M}} \sin\beta_{\mathrm{M}})$$

$$\sigma_{\mathrm{b1}} = -\frac{J}{\mu_0} (\cos\alpha_{\mathrm{b}} \cos\beta_{\mathrm{b}} + \sin\alpha_{\mathrm{b}} \sin\beta_{\mathrm{b}})$$

$$|\boldsymbol{p}_{\mathrm{b1}} - \boldsymbol{p}_{\mathrm{M1}}|^2 = (R_1 + T_1)^2 + (R_2 + T_2)^2 - 2(R_1 + T_1)(R_2 + T_2)\cos(\beta_2 - \beta_1) + (h_1 - h_2)^2$$

$$(2\text{-}44)$$

将 F_{M1b1}^{z} 对 H 求导，可得磁刚度为

$$K_{\mathrm{M1b1}}^{z}(H) = \frac{\mathrm{d}F_{\mathrm{M1b1}}^{z}}{\mathrm{d}H}$$

$$= -\frac{\mu_0}{2\pi} \left(\int_{-L_{\mathrm{b}}}^{L_{\mathrm{b}}} \int_{\alpha_{\mathrm{M}}-\theta_{\mathrm{M}}}^{\alpha_{\mathrm{M}}+\theta_{\mathrm{M}}} \int_{\alpha_{\mathrm{b}}-\theta_{\mathrm{b}}}^{\alpha_{\mathrm{b}}+\theta_{\mathrm{b}}} \frac{\sigma_{\mathrm{M1}} \sigma_{\mathrm{b1}} (h_1 - h_2)}{|\boldsymbol{p}_{\mathrm{b1}} - \boldsymbol{p}_{\mathrm{M1}}|^3} (R_1 + T_1)(R_2 + T_2) \mathrm{d}h_2 \mathrm{d}\beta_1 \mathrm{d}\beta_2 \right) \left| \begin{array}{c} H + L_{\mathrm{M}} \\ H - L_{\mathrm{M}} \end{array} \right.$$

$$(2\text{-}45)$$

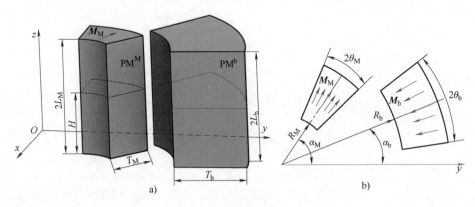

图 2-12 一对同心楔形永磁体模型

a) 三维图 b) 俯视图

同理，可得其他面之间磁力 $F_{\mathrm{M}ibj}^{z}$ 与磁刚度 $K_{\mathrm{M}ibj}^{z}$，故两块磁体之间的总磁力与磁刚度沿 z 方向分量可表示为

$$F_{\mathrm{Mb}}^{z} = \sum_{i=1}^{4} \sum_{j=1}^{4} F_{\mathrm{M}ibj}^{z}$$

$$(2\text{-}46)$$

$$K_{\mathrm{Mb}}^{z} = \sum_{i=1}^{4} \sum_{j=1}^{4} K_{\mathrm{M}ibj}^{z}$$

若内外楔形磁体为多组，其中每组磁力与刚度可根据式（2-44）~式（2-47）计算，再对所有组进行求和，即可计算得到多组情况。

2.7 本章小结

本章系统介绍了环形永磁体的磁感应强度、非线性磁力以及非线性磁刚度的计算方法，同时还介绍了其他几种常见的磁结构磁力模型。涉及环形永磁体外任意一点处的磁感应强度，如何基于试验测试磁感应强度反推磁体的剩磁强度。重点推演了轴线重合和不平行的两对环形永磁体间非线性磁力的建模方法与计算方法，并以此为基础，推导了几种常见磁结构的非线性磁刚度的表达式，为磁刚度非线性隔振系统的动力学设计与优化分析奠定了坚实的理论基础。

第**3**章

磁刚度非线性隔振系统设计及低频隔振理论

3.1 引言

航天航空器、大型舰船、大型盾构机及大型汽轮机等重大装备是保障国防安全的重要基石。随着科技的发展，重大装备逐步向大型化与轻量化方向发展，如空间可展开天线、太阳电池板、汽轮机叶片等。这种结构往往有固有频率低、模态密度大的特点。在外界周期性、随机及冲击等复杂激励下产生的低频振动响应衰减速度慢，导致故障易发生、服役可靠性差，严重制约我国重大装备的性能提升。

隔振技术广泛应用于工程装备的各个领域，简单易行、成本低，可有效隔离大部分振动，尤其是在航天领域。然而，线性隔振的隔振频带受限于支撑刚度和负载质量，宽频带隔振需较小刚度，但是会导致系统位移响应过大，影响支撑能力。增大线性阻尼可以提高低频共振区的抑振能力，然而隔振区响应会随之增大，不利于高频隔振。近年来，将非线性引入隔振系统来拓宽隔振频带并提高隔振性能已经成为研究热点[2]，主要利用几何非线性构建负刚度，实现准零刚度隔振。Carrella 等[3, 4, 7, 23]提出了"三弹簧"式准零刚度隔振方法，推导了非线性弹性恢复力与刚度表达式，研究了准零刚度工作区间及对隔振频带的影响规律。Kovacic 等[5, 136-139]从理论上研究了"三弹簧"式隔振器的软、硬弹簧、跳跃与混沌特性等。Lan 等[8]优化了"三弹簧"准零刚度隔振器的弹簧构型，可实现任意刚度调节以匹配负载。Huang 等[9, 27]采用 Euler 屈曲梁替代了"三弹簧"准零刚度隔振器的两个水平弹簧，结果表明，随激励幅值的变化，不对称隔振器可表现出纯软弹簧、纯硬弹簧和软-硬耦合式弹簧的特性。Zhou 等[10]将准零刚度隔振器应用于六自由度隔振平台中，在小阻尼或大激励下，准零刚度隔振器的传递率增大，由于硬弹簧特性，使得隔振器的峰值频率向右漂移并产生跳跃现象，降低隔振性能。陆泽琦[140]使用双平台结构提高了准零刚度隔振器的隔振能力。

非线性隔振具有高静低动刚度特性，相比线性隔振，可以降低共振频率，拓宽隔振带宽，提高隔振性能，因此近年来受到研究人员的广泛关注[141]。利用永磁体构建的非线性隔振器具有非接触、无摩擦、响应速度快、非线性强及易于集成的优点，因此，具有广阔的应用前景。目前，关于电-永磁式准零刚度隔振系统的设计主要聚焦在磁悬浮结构[18, 68]，存在等效负刚度难于调节、位置敏感性强及不易安装等缺陷，限制了其工程应用。

本章提出了磁刚度非线性隔振系统设计及低频隔振理论，主要介绍了磁刚度非线性隔振系统的设计，以此为基础，揭示了其负刚度机理，建立了磁刚度非线性低频隔振理论；其次，研究了结构参数对磁刚度非线性隔振系统隔振频带和性能的影响规律；最后，设计了试验系统，开展了基于轴向对称与不对称磁结构磁刚度非线性隔振器的低频隔振特性试验研究。

3.2 隔振理论

3.2.1 线性隔振理论

在研究磁刚度非线性隔振理论之前，首先简要介绍一下线性隔振理论。图 3-1 为经典的线性隔振系统理论模型，为单自由度系统，在基础激励 $\ddot{z}_b = z_b \cos(\omega t)$ 的作用下，线性隔振系统的运动微分方程如下：

$$m\ddot{z} + c\dot{z} + kz = -m\ddot{z}_b \qquad (3\text{-}1)$$

其中，m、c 和 k 分别为隔振系统的质量、等效黏弹性阻尼和线性弹簧刚度；$\ddot{z}$ 和 $\dot{z}$ 分别为相对加速度和相对速度；$\ddot{z}_b = z_b \cos(\omega t)$ 为作用在基平面上的激励加速度。

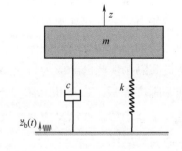

图 3-1 线性隔振系统理论模型

对式（3-1）进行傅里叶变换，在零初始位移和初始速度条件下，线性隔振系统的复频响应函数为

$$H(\mathrm{j}\omega) = \frac{k}{k - m\omega^2 + \mathrm{j}\omega c} \qquad (3\text{-}2)$$

图 3-1 所示的被动隔振系统的位移传递率为

$$T=\sqrt{\frac{1+(2\zeta\lambda)^2}{(1-\lambda)^2+(2\zeta\lambda)^2}}\qquad(3\text{-}3)$$

其中，ζ 为阻尼比；$\lambda=\dfrac{\omega}{\omega_n}$ 为频率比；ω_n 为角固有频率。

由图 3-2 可知，当激励频率大于 $\sqrt{2}\,\omega_n$ 时，隔振器传递率 T 小于 1，隔振器开始隔振，此时阻尼越小越好。当频率小于 $\sqrt{2}\,\omega_n$ 时（即共振区），传递率 T 大于 1，主要靠阻尼减振。增大阻尼在共振区有利于减振，而在隔振区并不利于隔振。因此，通过降低固有频率可提高隔振器的隔振带宽。然而较低固有频率的隔振器会产生较大变形，影响支撑能力，导致位姿失稳。

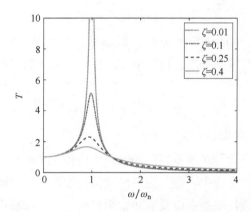

图 3-2　线性隔振系统的传递率

3.2.2　低频非线性隔振理论

非线性隔振理论是近年来新发展起来一种低频隔振方法，可以解决隔振系统承载能力与隔振带宽之间的矛盾。图 3-3 为一种经典的"三弹簧"式准零刚度隔振器理论模型，由竖直的线性弹簧和两个水平（或斜拉）弹簧组成，两个水平弹簧可以实现等效负刚度，以获得准零刚度特征，其中，k_v 为线性刚度；k_h 为非线性弹簧刚度（即预压一定的变形）。

根据文献［23］可知，"三弹簧"系统的力-位移关系为

$$f=k_v z+2k_h\left(1-\frac{l_0}{\sqrt{z^2+l^2}}\right)z\qquad(3\text{-}4)$$

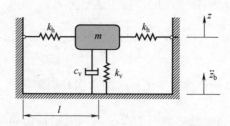

图 3-3 "三弹簧"式非线性准零刚度隔振器模型

在准零刚度的工作区间内，式（3-4）可以用多项式近似简化为

$$f=\alpha z+\beta z^{3} \tag{3-5}$$

此时，非线性隔振系统的运动方程可以写为

$$m\ddot{z}+c_{v}\dot{z}+\alpha z+\beta z^{3}=-m\ddot{z}_{b} \tag{3-6}$$

式（3-6）为经典的 Duffing 方程，根据谐波平衡法可以求解幅频响应关系，然后根据输入与输出关系，得到准零刚度隔振系统的传递率为

$$T_{d}=\left|\frac{z}{z_{b}}\right|=\sqrt{1+\left(\frac{r}{z_{b}}\right)^{2}+2\left(\frac{r}{z_{b}}\right)\cos\theta} \tag{3-7}$$

其中，r 为位移响应的幅值。

图 3-4 为"三弹簧"式准零刚度隔振系统的传递率曲线，可以看出，负刚度的作用，使得系统传递率降低，通过改变结构参数，可以调整系统的隔振性能。由此可知，非线性隔振系统具有非常明显的优势，即提供等效负刚度以降低系统动刚度，但其高静刚度特征并不影响系统的承载能力，因而得到了广泛且深入的研究。

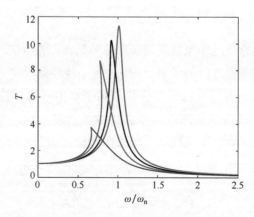

图 3-4 "三弹簧"式准零刚度隔振系统的传递率

3.3   磁刚度非线性隔振器的设计

由前文分析可知，非线性准零刚度具有明显的优势，可以兼顾承载与隔振频带。由第 2 章内容可知，永磁体之间的吸力或斥力为强非线性力，可以等效为非线刚度与位移的关系式。环形永磁体具有易于设计和安装等优点，可用于磁刚度非线性隔振器的设计。

图 3-5 为一种磁刚度非线性隔振器，可以看出，主要由线性和非线性两部分构成。线性单元主要由三根线性螺旋弹簧、三个直线轴承、负载面以及基平面构成。三根螺旋弹簧用于提供线性刚度以支撑负载，三个直线轴承用于减小垂直方向的摩擦以提高运动精度。非线性单元主要由三个可以移动的环形永磁体（PM_1^f、PM_2^f 和 PM^M）和三个固定环形永磁体（PM^b）构成。三个运动环形永磁体通过中间轴固定依次安装在负载面底部，其中，环形永磁体 PM^M 通过调节螺钉调节与永磁体 PM_2^f 之间的距离。三个固定环形永磁体 PM^b 分别安装在调节装置上，如图 3-6 所示，通过转轴 2 可以调节与磁体 PM^M 之间的角度，通过径向调节杆也能调整与运动磁体之间的径向距离。

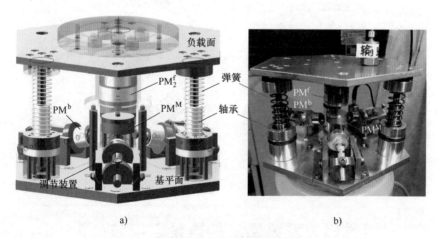

图 3-5   磁刚度非线性隔振器

a）3D 模型   b）原理样机

图 3-7 为环形永磁体之间相对位置的三维图，可以看出，三个固定环形永磁体 PM^b 沿隔振器轴向均匀分布，三个移动磁体中的 PM_1^f 与 PM_2^f 间的距离是

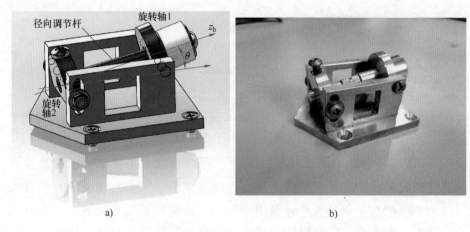

a)   b)

图 3-6 径向环形永磁体调节装置

a）3D 模型 b）实物照片

固定的，而 PM_2^f 与 PM^M 间的距离可以调节，三个移动磁体与三个固定磁体在竖直方向 z 上可产生相对运动，以实现非线性磁刚度。

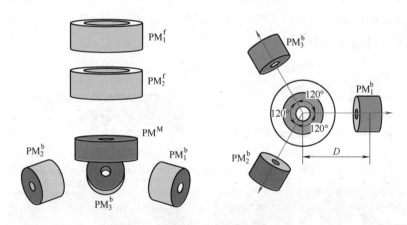

图 3-7 环形永磁体间的相对位置

3.4 非线性磁力及磁刚度的理论建模与分析

3.4.1 非线性磁力

由磁刚度非线性隔振器的原理图可以看出，多个环形永磁体之间通过非线

性磁力传递力，为了定性且定量地描述其隔振性能，有必要得到非线性磁力的
计算表达式。图 3-8 为非线性隔振器的环形永磁体之间的相对位置关系及磁场
分布。环形永磁体间的非线性磁力计算极为复杂，本节将基于第 2.4 节给出的
非线性磁力模型进行计算。

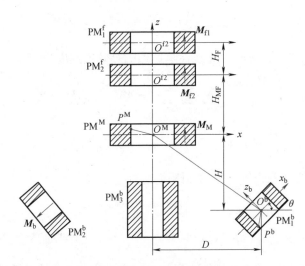

图 3-8　环形永磁体之间的相对位置关系及磁场分布

假设所有的环形永磁体均沿各自轴向均匀磁化，则永磁体 PM_n^b（$n = 1, 2, 3$）、
PM^M、PM_1^f 和 PM_2^f 的磁化矢量分别为 $\boldsymbol{M}_{bn}$，$\boldsymbol{M}_M$，$\boldsymbol{M}_{f1}$ 和 $\boldsymbol{M}_{f2}$。根据动磁体和不
动磁体间的吸力和斥力特性，可知，三个环形永磁体 PM^b 与 PM_1^f、PM_2^f 和 PM^M
之间的总非线性磁力为

$$\boldsymbol{F}_M = \sum_{k_b=1}^{3}\left(\boldsymbol{F}_{\mathrm{PM}_{k_b}^b,\mathrm{PM}^M}\right) + \sum_{k_f=1}^{2}\boldsymbol{F}_{\mathrm{PM}^b,\mathrm{PM}_{k_f}^f} \qquad (3\text{-}8)$$

其中，$\boldsymbol{F}_{\mathrm{PM}_{k_b}^b,\mathrm{PM}^M}$（$k_b = 1, 2, 3$）为第 k_b 个永磁体 PM^b 与永磁体 PM^M 产生的总非

线性磁力；$\boldsymbol{F}_{\mathrm{PM}^b,\mathrm{PM}_{k_f}^f}$（$k_f = 1, 2$）为第 k_f 个环形永磁体 PM^f 与三个环形永磁体

PM^b 间的总非线性磁力；

$$\boldsymbol{F}_{\mathrm{PM}^b,\mathrm{PM}^{f_{k_f}}} = \frac{\mu_0 M_{bn} M_{f(k_f)}}{4\pi} \sum_{k_f=1}^{2}\sum_{k_b=1}^{2}\sum_{k_{H^f}=1}^{2}(-1)^{k_f+k_b+k_{H^f}} R_{f(k_f)}(k_{k_f}) R_b(k_b) \times$$

$$\int_0^{2\pi}\int_{-\frac{H_b}{2}}^{\frac{H_b}{2}}\int_0^{2\pi}\frac{\cos\varphi_{k_f}\cos\varphi_b\cos\theta + \sin\varphi_{k_f}\sin\varphi_b}{|\boldsymbol{d}_{\mathrm{PM}^{b_{k_b}},\mathrm{PM}^{f_{k_f}}}|}\mathrm{d}\varphi_{k_f}\mathrm{d}z_b\mathrm{d}\varphi_b \qquad (3\text{-}9)$$

$$|\boldsymbol{d}_{\mathrm{PM}^{b_{k_b}},\mathrm{PM}^{f_{k_f}}}| = \sqrt{d_x^2\big|_{\mathrm{PM}^{b_{k_b}},\mathrm{PM}^{f_{k_f}}} + d_y^2\big|_{\mathrm{PM}^{b_{k_b}},\mathrm{PM}^{f_{k_f}}} + d_z^2\big|_{\mathrm{PM}^{b_{k_b}},\mathrm{PM}^{f_{k_f}}}}$$

$$d_x\big|_{\mathrm{PM}^b k_b,\,\mathrm{PM}^f k_f}=R_b(k_b)\cos\varphi_b-R_f(k_f)\cos\varphi_f$$

$$d_y\big|_{\mathrm{PM}^b k_b,\,\mathrm{PM}^f k_f}=R_b(k_b)\sin\varphi_b\cos\theta-z_b\sin\theta+D-R_f(k_f)\sin\varphi_f$$

$$d_z\big|_{\mathrm{PM}^b k_b,\,\mathrm{PM}^f k_f}=R_b(k_b)\sin\varphi_b\sin\theta+z_b\cos\theta-H_{k_f}-z-z_f(k_{Hf}) \tag{3-10}$$

其中，$H_1=H+H_{\mathrm{MF}}$，$H_2=H+H_{\mathrm{MF}}+H_{\mathrm{F}}$。

3.4.2　磁刚度

根据式（2-24），磁刚度非线性隔振器的等效磁刚度为

$$K_{\mathrm{PM}^b,\,\mathrm{PM}^f k_f}=\frac{\mu_0 M_{bn} M_{f(k_f)}}{4\pi}\sum_{k_f=1}^{2}\sum_{k_b=1}^{2}\sum_{k_Hf=1}^{2}(-1)^{k_f+k_b+k_Hf}R_{f(k_f)}(k_{k_f})R_b(k_b)\times$$

$$\int_0^{2\pi}\int_{-\frac{H_b}{2}}^{\frac{H_b}{2}}\int_0^{2\pi}\frac{K_{\mathrm{PM}^b,\,\mathrm{PM}^f k_f}}{\big|\boldsymbol{d}_{\mathrm{PM}^b k_b,\,\mathrm{PM}^f k_f}\big|^{3/2}}\mathrm{d}\varphi_{k_f}\mathrm{d}z_b\mathrm{d}\varphi_b \tag{3-11}$$

因此，非线性磁力所产生的磁刚度为

$$K_{\mathrm{m}}=K_{\mathrm{PM}^b,\,\mathrm{PM}^M}+K_{\mathrm{PM}^b,\,\mathrm{PM}^f} \tag{3-12}$$

3.4.3　结构参数对非线性磁力及磁刚度的影响规律

借助第 2 章得到的非线性磁力近似解析表达式，本小节着重分析磁刚度非线性隔振器的非线性磁恢复力及磁刚度特征。隔振器可以通过调节图 3-8 中的 D、H 和 θ 来调节非线性磁力，因此，有必要分析不同结构参数对非线性磁力和磁刚度的影响规律，以实现隔振性能的优化。本章将采用表 3-1 给出的环形永磁体参数进行数值仿真和试验研究。

表 3-1　环形永磁体几何参数及剩磁强度

永磁体类型	内半径/mm	外半径/mm	高度/mm	剩磁强度/T
PM^M	3	12.25	8	1.18
PM^b	2	7.5	10	1.25
PM^f	4	14	10	1.27

图 3-9 和图 3-10 为当 PM^b 与 PM^M 之间分别为斥力和吸力时，非线性磁力 F_M 随参数 D、H 和 θ 变化的曲线。可以看出，随参数 D、H 和 θ 的变化永磁力呈现强非线性特征。由于图 3-7 所示的三个环形永磁体 PM$^f_1$、PM$^f_2$ 和 PM^M 在 z 轴方向与永磁体 PM^b 是不对称的。因此，当相对位移为负时，非线性磁力变化剧烈，当相对位移为正时，非线性磁力变化较为缓慢。此外，当参数 H 增加使

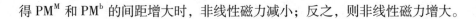

得 PM^M 和 PM^b 的间距增大时，非线性磁力减小；反之，则非线性磁力增大。

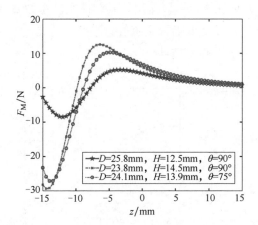

图 3-9 PM^b 与 PM^M 之间磁力为斥力时 F_M 随参数 D、H 和 θ 的变化规律

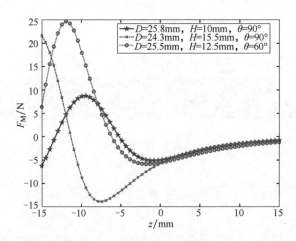

图 3-10 PM^b 与 PM^M 之间磁力为吸力时 F_M 随参数 D、H 和 θ 的变化规律

磁刚度为非线性磁力 F_M 的斜率，由图 3-9 和图 3-10 可知，隔振器在平衡位置附近的局部区域，磁刚度为负，且随 D 的减小而增大。在小扰动或者小激励作用下，非线性磁力可用多项式近似拟合为

$$F_M(z) = f_c + \mu z + \nu z^3 \tag{3-13}$$

其中，μ 和 ν 分别为磁力的等效线性和非线性刚度系数；f_c 为常力，在静平衡位置处与弹簧弹性恢复力和重力相互抵消。

图 3-11 为非线性磁力的解析解和拟合曲线对比图，可知，当隔振系统的

相对位移较小时，三阶多项式拟合精度满足要求。表 3-2 为刚度系数 μ 和 ν 随参数 D、H 和 θ 的变化规律，可以看出，其线性刚度系数 μ 为负，通过磁结构可以获得等效负刚度，以降低隔振系统的总刚度。此外，本设计中的非线性刚度 μ 也为负，这体现了软弹簧特性。

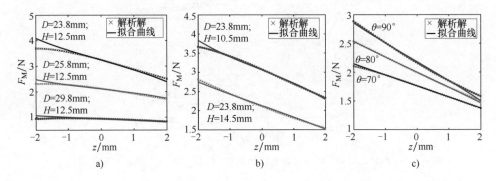

图 3-11　非线性磁力的近似解析解和拟合结果对比，磁力随不同参数变化的曲线

a) 参数为 D　b) 参数为 H　c) 参数为 θ

表 3-2　刚度系数 μ 和 ν 随参数 D、H 和 θ 的变化规律

参数	隔振器参数			μ	ν
	D/mm	H/mm	θ		
随 D 变化	29.8	12.5	90°	−183	-5.697×10^{5}
	25.8	12.5	90°	−342	-8.235×10^{6}
	23.8	12.5	90°	−587	-1.222×10^{7}
随 H 变化	23.8	10.5	90°	−587	-1.222×10^{7}
	23.8	14.5	90°	−553	-2.102×10^{6}
随 θ 变化	23.8	14.5	90°	−323	-3.964×10^{6}
	23.8	14.5	80°	−261	-1.547×10^{6}
	23.8	14.5	70°	−190	-8.087×10^{5}

3.5　磁刚度非线性隔振系统理论模型

3.5.1　电涡流阻尼

图 3-5 所示的磁刚度非线性隔振结构的负载面和基平面均由铝合金材料加

工而成，因此，当环形永磁体与上、下铝板之间产生相对运动时，负载面和基平面会感应电涡流阻尼。基平面的电涡流阻尼为[142-144]

$$F_{\text{ECD,PM}^M} = \oint_{\Gamma} \boldsymbol{J} \times \boldsymbol{B}_{\text{bplate,PM}^M} \mathrm{d}\Gamma \tag{3-14}$$

其中，$\boldsymbol{J}$ 为基平面上的电流密度，$\boldsymbol{J} = \sigma(\dot{z} \times \boldsymbol{B}_{\text{bplate,PM}^M})$；$\sigma$ 为铝板的电导率；$\boldsymbol{B}_{\text{bplate,PM}^M}$ 为永磁体 PM^M 在基平面处产生的磁场。

因此，式（3-14）可化简为

$$F_{\text{ECD,PM}^M} = \dot{z}\sigma \oint_{\Gamma} (B_{\text{bplate,PM}^M,x}^2 + B_{\text{bplate,PM}^M,y}^2) \mathrm{d}\Gamma = \dot{z}C_{\text{ECD,PM}^M} \tag{3-15}$$

将基平面和负载面处的电涡流阻尼相加，并对速度取一阶偏微分，可以得到磁刚度非线性隔振器的电涡流阻尼系数为

$$C_{\text{ECD}} = C_{\text{ECD,PM}^M} + \sum_{k_{\text{f}}=1}^{2} C_{\text{ECD,PM}_{k_{\text{f}}}^{\text{f}}} + \sum_{k_{\text{b}}=1}^{3} C_{\text{ECD,PM}_{k_{\text{b}}}^{\text{b}}} \tag{3-16}$$

由式（3-16）可知，电涡流阻尼 C_{ECD} 随着负载面和基平面的相对位置、材料属性及环形永磁体结构参数的变化而变化。当振动位移较小时，可忽略电涡流阻尼 C_{ECD} 的变化量，将其看成常数。因此，隔振系统的阻尼简化为

$$c = C_{\text{s}} + C_{\text{ECD}} \tag{3-17}$$

其中，C_{s} 为弹簧的阻尼系数，可简化为 Rayleigh 阻尼，阻尼比可以根据材料在 0.3%~0.5% 之间选择。一般根据半功率法测试隔振器的阻尼比。

3.5.2　位移传递率

图 3-12 为磁刚度非线性隔振系统的理论模型，由质量-弹簧-阻尼线性单元和永磁体非线性单元构成，其中 k 为三个线性弹簧的刚度之和。蓝色点画线区域内的磁非线性单元包括电涡流阻尼 C_{ECD} 和非线性磁力。

当磁刚度非线性隔振器受到基础激励 $\ddot{z}_{\text{b}}$ 时，根据牛顿第二定律可得系统的运动微分方程，写为

$$m\ddot{z} + c\dot{z} + (k+\mu)z + \nu z^3 = -m\ddot{z}_{\text{b}} \tag{3-18}$$

这是经典的杜芬方程，可采用谐波平衡法获取幅频响应关系。假设系统的响应为

$$z = a\sin(\omega t) + b\cos(\omega t) \tag{3-19}$$

将式（3-19）代入式（3-18），并考虑降阶公式 $\cos^3(\omega t) = \dfrac{3}{4}\cos(\omega t) + \dfrac{1}{4}\cos(3\omega t)$ 和 $\sin^3(\omega t) = \dfrac{3}{4}\sin(\omega t) - \dfrac{1}{4}\sin(3\omega t)$，可以得到

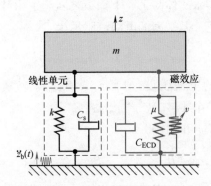

图 3-12   磁刚度非线性隔振系统理论模型

$$\begin{cases} -m\omega^2 a - c\omega b + (k+\mu)a + \dfrac{3}{4}\nu(a^3+ab^2) = 0 \\[2mm] -m\omega^2 b + c\omega a + (k+\mu)b + \dfrac{3}{4}\nu(b^3+a^2b) = mz_{b0}\omega^2 \end{cases} \tag{3-20}$$

令 $a^2+b^2=r^2$，由式（3-20）可得系统的幅频响应关系

$$r^2\left(\dfrac{3}{4}\nu r^2 + (k+\mu) - m\omega^2\right)^2 + r^2(c\omega)^2 = (mz_{b0}\omega^2)^2 \tag{3-21}$$

将式子无量纲处理，令

$$u = \dfrac{z}{z_{b0}},\ \omega_n = \sqrt{(k+\mu)/m} \tag{3-22}$$

$$\varsigma = c/(2m\omega_n),\ \delta = \nu z_{b0}^2/(k+\mu),\ \Omega = \omega/\omega_n$$

因此，可以求出

$$\Omega^2 = \dfrac{r^2(4+3\delta r^2) - 8(\varsigma r)^2 \pm \sqrt{(8\varsigma^2 r^2 - 4r^2 - 3\delta r^4)^2 - (r^2-1)(4r+3\delta r^3)^2}}{4(r^2-1)} \tag{3-23}$$

磁刚度非线性隔振器的绝对位移为 z_b+z，则位移传递率可写为

$$T = \left|\dfrac{z_b+z}{z_b}\right| = \sqrt{1 + r^2 + \dfrac{2r}{\Omega^2}\left(\Omega^2 r + r + \dfrac{3}{4}\delta r^3\right)} \tag{3-24}$$

其中，r 为负载面与基平面之间的相对运动；Ω 为激励的频率比，由式（3-23）确定。

当输入的激励幅值一定时，磁刚度非线性隔振器的传递率随 Ω 和 δ 的变化而变化，而 Ω 和 δ 是由参数 D、H 和 θ 确定的，相应的影响规律将在下一节中继续讨论。

3.6　磁刚度非线性隔振系统的低频隔振性能

本节主要从数值仿真和试验两方面讨论图 3-5 所示磁刚度非线性隔振器三个固定环形永磁体 PM^b 均匀分布时结构参数 D、H 和 θ 对隔振带宽和性能的影响规律。磁刚度非线性隔振器的物理参数如表 3-3 所示，随初始相对位置变化时的刚度系数如表 3-2 所示。其中，基础激励为 $0.25g$，g 为地球的重力加速度值。

表 3-3　磁刚度非线性隔振器的物理参数

参数	数值
质量（m）/kg	0.5
阻尼比（ζ）	0.0445
弹簧总刚度（k）/N·m^{-1}	2021

3.6.1　数值仿真

图 3-13 为磁刚度非线性隔振系统传递率 T 随参数 D 变化的曲线，其中，$\theta = 90°$。可以看出，相比线性隔振器（即图 3-5 所示的隔振器移除所有环形永磁体），磁刚度的引入极大拓宽了隔振带宽，且磁刚度非线性隔振器传递率随 D 的减小而降低，由此可知，非线性磁力可引入磁负刚度至隔振系统，降低了

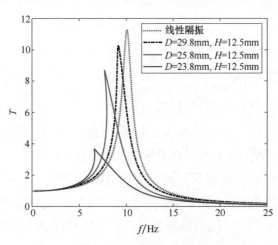

图 3-13　传递率随 D 的变化规律

系统的动刚度。此外，非线性软弹簧效应也降低了系统的跳跃频率，从而拓宽了系统的隔振频带。研究结果表明，减小永磁体 PM^b 和 PM^M 之间的径向距离可提高系统的隔振性能。

图 3-14 为磁刚度非线性隔振系统传递率 T 随 H 变化的曲线，其中，$\theta =$ 90°。由此可见，减小环形永磁体 PM^b 和 PM^M 之间的轴向距离可以提高磁刚度非线性隔振器的隔振性能。图 3-15 为磁刚度非线性隔振器传递率随参数 θ 变化的曲线，其中，$D = 23.8\text{mm}$，$H = 14.5\text{mm}$。可以看出，当环形永磁体的轴线互相垂直时，磁刚度非线性隔振器的隔振性能最好。通过图 3-6 所示的装置调节 D、H 和 θ 参数，可以实现磁刚度非线性隔振器隔振性能的优化。以上三组仿真结果为优化设计高性能磁刚度非线性隔振器提供了依据。

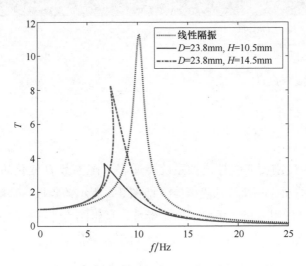

图 3-14　传递率随 H 的变化规律

3.6.2　试验验证

本节设计了磁刚度非线性隔振器的测试系统，并对理论分析与数值仿真结果进行验证。图 3-16 为磁刚度非线性隔振系统试验照片，隔振器基平面安装在激振器上，加速度传感器安装在基平面上测量输入加速度信号，同时，也将该信号反馈至控制器形成闭环回路，实现对激振器激励水平进行精确控制。另一个加速度传感器安装在负载面，用于测量输出加速度响应。通过测试得到的两种加速度信号，经过控制器和信号处理软件得到隔振系统的加速度传递率。试验中，加速度激励幅值为 $0.25g$，正弦扫频速度为 60Hz/min。

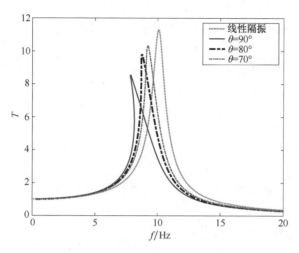

图 3-15　传递率随 θ 的变化规律

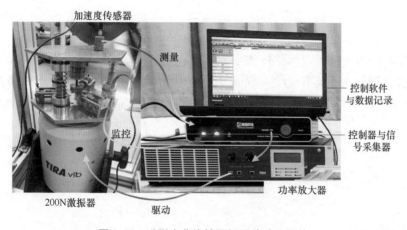

图 3-16　磁刚度非线性隔振系统试验照片

当永磁体 PM^b 和 PM^M 之间为磁斥力时，结构参数 D、H 和 θ 对隔振性能的影响规律如图 3-17~图 3-19 所示。图 3-17 为当 $\theta = 90°$ 时试验传递率随参数 D 的变化规律曲线，其中，移除三个固定永磁体 PM^M 时为线性隔振，固有频率 f_p 和相应的最大传递率分别为 10.1Hz 和 9.8。采用图 3-5 所示的磁刚度非线性隔振器，当 D 取 29.8mm 时，峰值频率降低到 9.35Hz，最大传递率为 9.4。当 D 降低到 25.8mm 时，峰值频率降低到 8.54Hz，最大传递率减小到 6.5。当 $D = 23.8$mm 时，峰值频率低了 4Hz，最大传递率降低了 80%。此外，从试验中还可以看出，环形永磁体 PM^b 和 PM^M 之间的非线性磁力使系统呈现软弹簧特性，同时降低了系统的峰值频率，拓宽了隔振系统的隔振带宽，也验证了减小永磁体 PM^b 和 PM^M 之间的水平距离可以提高系统的隔振性能。

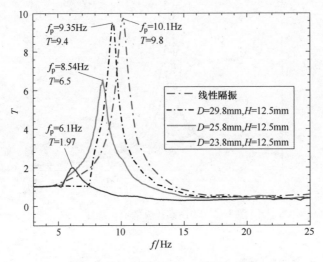

图 3-17　试验传递率随 D 的变化规律

　　图 3-18 为 $\theta = 90°$ 时试验传递率随参数 H 的变化规律曲线。当磁体 PM^b 和 PM^M 之间的轴向距离 H 为 14.5mm 时，峰值频率和最大传递率分别降低至 6.1Hz 和 1.97，表明，减小 H 不仅可以拓宽隔振带宽而且可以提升隔振性能。

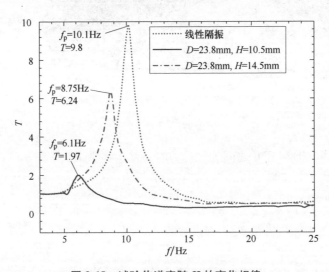

图 3-18　试验传递率随 H 的变化规律

　　图 3-19 为试验传递率随参数 θ 的变化规律曲线，可知，增大磁体 PM^b 的

旋转角度 θ 可提高磁刚度非线性隔振器的隔振性能，当 θ 等于 90°时，可以得到较好的隔振性能。

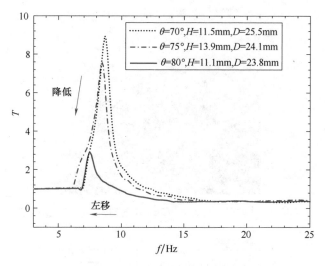

图 3-19　试验传递率随 θ 的变化规律

通过试验和仿真结果可知，结构参数 D、H 和 θ 对磁刚度非线性隔振器的隔振性能影响较大，其中，环形永磁体 PM^b 和 PM^M 之间的径向距离 D 和轴向距离 H 对隔振性能的影响较为明显，而 θ 的影响则相对较小，为磁刚度非线性隔振器的设计与优化奠定了理论和试验基础。

3.6.3　大加速度激励下磁刚度非线性隔振器的隔振性能

大加速度激励可极大影响结构的性能，甚至造成其破坏，如火箭发射时产生的强烈振动，这对非线性系统的影响尤为明显，甚至造成失稳或性能恶化。根据文献 ［10，12，40，50，133，145］所给出的结果可知，现有非线性隔振器取得的良好隔振性能是在小加速度激励幅值下实现的，而基于大加速度激励幅值情况下系统的响应较为复杂。针对该问题，本节试验研究了大加速度幅值激励下磁刚度非线性隔振器的隔振性能，其中，磁刚度非线性隔振器去除掉了磁体 PM_1^f 和 PM_2^f，如图 3-20 所示。

图 3-21 为隔振器在 $5g$ 和 $7g$ 激励幅值下的传递率曲线，此时 $D=23.8\text{mm}$，$H=7.5\text{mm}$，径向永磁体为三组。由此可知，在 $5g$ 激励下，峰值频率降低到 5.66Hz，相比线性系统频率减小 47%，最大位移传递率减小至 3.3，相比线性隔振性能提升 70%。在 $7g$ 激励下，峰值频率降低到 6.75Hz，频率减小了

37%，最大位移传递比减小至3.47，隔振性能提升70%。试验结果表明隔振器在大幅值激励下也具有良好的隔振性能。

图 3-20　去除了磁体 PM_1^r 和 PM_2^r 的磁刚度非线性隔振器

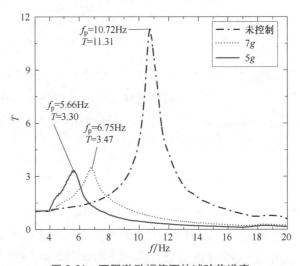

图 3-21　不同激励幅值下的试验传递率

3.7　周向磁体不对称磁刚度非线性隔振器隔振特性

当径向永磁体装置由三组变为两组时，磁刚度非线性隔振器为不对称式结构，如图 3-22 所示。当 $D=22.3mm$，$H=6.5mm$，激励力为 $3g$ 时，图 3-23 为测试所得的传递率曲线，可以看出，与线性隔振相比，不对称磁刚度非线性隔振器的峰值频率和最大位移传递率分别降低到 5.25Hz 和 1.55，其中，峰值频率降低了 51%，隔振效果提升了 86%。试验结果验证了当径向永磁体为两组时，系统隔振性能有了显著的提高，这也为不对称磁刚度非线性隔振器的设计与优化提供了参考。但由于径向永磁体的不对称分布，对隔振器的安装提出了更高的要求。

图 3-22　仅安装两组径向永磁体 **PM**^{b} 时的磁刚度非线性隔振器样机

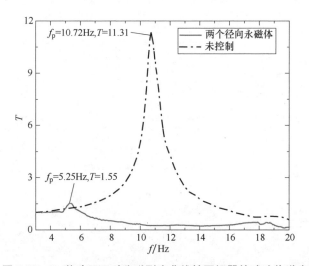

图 3-23　3g 激励下不对称磁刚度非线性隔振器的试验传递率

3.8　本章小结

本章主要提出了磁刚度非线性隔振方法，设计了一种新型的基于环形永磁体的磁刚度非线性隔振器，建立了其理论模型，从数值仿真和试验两方面详细论证了非线性隔振系统的隔振性能。本章主要完成了以下工作内容：

（1）设计了一种基于多组环形永磁体的磁刚度非线性隔振器，建立了非线性磁力和磁刚度的理论模型，揭示了系统的磁负刚度和软弹簧特性，研究了隔振器几何参数对非线性磁力的影响规律。

（2）推导了电涡流阻尼表达式，建立了磁刚度非线性隔振系统的理论模型，基于谐波平衡法推导了幅频响应关系和位移传递率表达式。通过理论分析、数值仿真和试验等手段研究了隔振器几何参数对隔振带宽和隔振性能的影响规律，也讨论了基础激励幅值对非线性隔振系统隔振性能的影响规律，为磁刚度非线性隔振器的设计和优化奠定了基础。

（3）研究了磁体沿周向不对称分布时非线性隔振器的隔振性能，结果表明，在一定条件下，不对称结构有利于提升磁刚度非线性隔振系统的隔振频带和隔振性能。

第4章

杠杆式磁刚度非线性隔振理论与调频方法

4.1 引言

第3章给出的磁刚度非线性隔振方法主要利用非线性磁恢复力引入磁刚度来获取低频隔振特性，其中，非线性恢复力可通过改变环形永磁体之间的位置关系、磁化方向和旋转角度调节，这样便能获得理想的磁刚度。对于隔振系统，质量也是影响隔振频带的另外一个重要参数。因此，合理调节非线性隔振系统质量，也可以提升非线性隔振系统性能。

杠杆是一种常见的放大机构，可以有效调控系统的等效质量。早在1967年，Flannelly[146, 147]将杠杆引入了隔振系统，取得了良好的减振效果。研究已经表明，将杠杆引入隔振系统，并在杠杆自由端附加集中质量，可以产生反共振效应[148]。Yilmaz 和 Kikuchi[149]根据杠杆支点位置与自由端集中质量的位置，发展了两种杠杆式隔振系统，并进行了理论分析和数值仿真，结果表明，在较小质量成本下能实现较宽的低频带隙。Yang 等[150]将杠杆引入双稳态压电振动俘能系统提高了阱间振动响应，提升了振动俘能效率。Zang等[151]将杠杆引入非线性能量汇，可用小质量提升系统吸振性能。以上研究表明，杠杆是一种有效利用较小质量提升系统隔振性能的手段，且并不影响系统的支撑刚度。

本章提出了杠杆式磁刚度非线性隔振方法。首先设计了一种杠杆式磁刚度非线性隔振器，随之建立了杠杆式磁刚度非线性隔振系统的理论模型。最后，以数值仿真和试验相结合的方法研究了结构参数对杠杆式磁刚度非线性隔振器隔振性能的影响规律，揭示了磁刚度非线性隔振系统的调频机制。

4.2　杠杆式磁刚度非线性隔振原理

图 3-12 为磁刚度非线性隔振原理图，通过优化设计环形永磁体之间的相对位置可获得准零刚度特性，不仅可以实现低频隔振，还可以取得理想的隔振性能。图 4-1a 为杠杆式磁刚度非线性隔振原理图，在磁刚度非线性隔振器的基础上引入了杠杆质量放大子系统，且杠杆自由端磁体和上、下高导磁性平面相互耦合可产生电涡流，提升系统的阻尼效应。从原理图可以看出，杠杆式系统通过杠杆放大质量效应，在一定程度上增大了隔振系统的等效质量，在没有影响隔振系统整体的等效刚度与承载能力的前提下，有效降低隔振频率，拓宽隔振带宽。

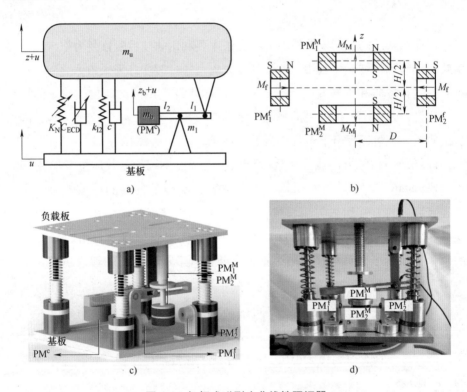

图 4-1　杠杆式磁刚度非线性隔振器

a）原理图　b）环形永磁体式磁刚度元件　c）三维模型图　d）原理样机

图 4-1b 为基于环形永磁体的磁刚度元件及其布置方式，包含了两个固定环形永磁体 PM^f 和两个移动环形永磁体 PM^M。图 4-1c 为杠杆式磁刚度非线性

隔振器的三维模型图，其中，环形永磁体 PM^f 安装在底板上，另外两个环形永磁体 PM^M 通过一根安装在负载板上的轴固定。两个固定环形永磁体 PM^f 与两个环形永磁体 PM^M 之间沿其轴线对称分布，此外，这两对永磁体间的轴线相互垂直，磁体的磁化方向如图 4-1b 所示。永磁体 PM^f 之间的垂直距离记为 H，通过调节永磁体之间垫片的厚度进行调节。永磁体 PM^M 之间的水平距离记为 D，通过环形永磁体下方支座之间的距离进行调整。在基础激励或外力扰动下，磁体 PM^f 与 PM^M 之间产生相对运动，引起非线性磁力的变化，产生磁刚度。由第 2 章内容可知，非线性磁力受磁体间的几何位置影响，因此，通过调整永磁体之间的相对位置可以对磁刚度进行优化。图 4-1d 为杠杆式磁刚度非线性隔振器的原理样机。

4.3　非线性恢复力及电涡流阻尼力

4.3.1　非线性恢复力

当杠杆式磁刚度非线性隔振系统受到外界激励时，非线性磁力随磁体间相对位置改变而改变。根据受力分析可知，非线性永磁力沿轴向对称，则其水平方向的磁力为 0，此时，沿 z 方向的磁力 F_M 可以写为

$$F_M = 2F_{PM^{M1},PM^f} + 2F_{PM^{M2},PM^f} \tag{4-1}$$

式中，F_{PM^M,PM^f} 为磁体 PM^M 和 PM^f 之间的磁力，其表达式和计算过程可参考本书第 2 章的式（2-21）。

此时，杠杆式磁刚度非线性隔振系统的总非线性恢复力 F_T 为

$$F_T = F_M + k_{12}z \tag{4-2}$$

式中，$k_{12}z$ 为图 4-1c 中四个线性弹簧弹性恢复力。

当激励较小时，非线性恢复力 F_T 可使用三阶多项式拟合以简化分析过程。当位移响应较大时，三阶拟合的精度降低。因此，在本章中采用九阶多项式对非线性恢复力 F_T 进行拟合，拟合后 F_T 的表达式为

$$F_T = k_1 z + k_3 z^3 + k_5 z^5 + k_7 z^7 + k_9 z^9 \tag{4-3}$$

式中，$k_1 = k_{11} + k_{12}$ 为等效线性刚度；k_{11} 为 F_M 的近似一阶刚度系数。

表 4-1 为 PM^M 和 PM^f 的几何参数及剩磁强度，根据式（4-1）和式（2-21）对非线性恢复力进行计算，图 4-2 为非线性恢复力 F_T 随水平距离 D 变化时理论计算解和数值拟合曲线对比，虚线为计算所得的非线性恢复力，圆形、菱形

块、矩形及菱形框标记为拟合曲线。可知，多项式的拟合曲线与理论计算结果相符合。此外，非线性恢复力 F_T 在平衡位置附近的斜率接近于零，这也说明等效刚度接近于零，表明杠杆式磁刚度非线性隔振系统具备准零刚度特性。也可以看出，准零刚度特性随着水平距离 D 和垂直距离 H 的变化而改变。随着水平距离 D 的减小，恢复力曲线在平衡位置附近的准零刚度区域变大，这说明一个相对较小的水平距离 D 有利于获取准零刚度特性。表 4-2 为根据图 4-2 所示非线性恢复力拟合非线性刚度系数。

表 4-1　PM^M 和 PM^f 的几何参数及剩磁强度

永磁体类型	内径/mm	外径/mm	高度/mm	剩磁强度/T
PM^M	4	15	10	1.25
PM^f	6	24.5	8	1.18

表 4-2　拟合的非线性刚度系数

参数		刚度系数				
D/mm	H/mm	k_1	k_3	k_5	k_7	k_9
28	7	708.5	5.214×10^7	-6.363×10^{11}	3.88×10^{15}	-9.69×10^{18}
27.5	7	506.4	5.917×10^7	-7.275×10^{11}	4.414×10^{15}	-1.086×10^{19}
27	7	276.9	6.747×10^7	-8.409×10^{11}	5.136×10^{15}	-1.266×10^{19}
26.5	7	13.13	7.742×10^7	-9.826×10^{11}	6.07×10^{15}	-1.506×10^{19}

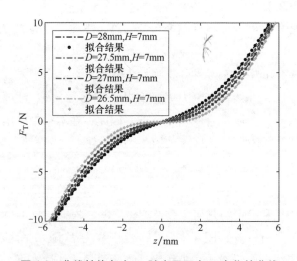

图 4-2　非线性恢复力 F_T 随水平距离 D 变化的曲线

4.3.2　电涡流阻尼力的杠杆放大原理

如图 4-1b 所示的杠杆式磁刚度非线性隔振器中所采用的永磁体均为环形，因此，可以按照第 2.3 节的理论分析磁感应强度，在此不再重复叙述。

当永磁体与负载板及基板发生相对运动时，两块铝板周围的磁场随时间变化，因而感应出电涡流，产生电涡流阻尼力。由洛伦兹力定律[152]，可得动生电动势

$$V = \int_c (v \times B)\, \mathrm{d}l \tag{4-4}$$

式中，$v = \mathrm{d}z/\mathrm{d}t$ 是负载板和环形永磁体间的相对速度；B 为环形永磁体在任意点 P 处产生的磁感应强度，可用式（2-5）～式（2-9）计算。

动生电动势引起的电涡流密度可用式（4-5）计算

$$J = \sigma(v \times B) \tag{4-5}$$

式中，σ 是铝板的电导率。

因此，由动生电动势所产生的电涡流阻尼力为[143]

$$F = \int_V (J \times B)\, \mathrm{d}V = \sigma \int_V (v \times B \times B)\, \mathrm{d}V \tag{4-6}$$

由于计算时需要对上下底板进行积分，为方便计算需进行坐标转换。图 4-3 为环形永磁体与杠杆支座支点之间的坐标转换图。杠杆转动所产生的转动角为 $\delta = \arctan(z/l_1)$。为了简化计算步骤，可将负载板与基板分别等效成圆板进行积分计算。分别在 O 点建立直角坐标系 $O\text{-}x_0y_0z_0$ 和柱坐标系 $O\text{-}\rho_0\theta_0z_0$，它们之间满足以下关系

$$\begin{cases} x_0 = \rho_0\cos\theta_0 \\ y_0 = \rho_0\sin\theta_0 \end{cases} \tag{4-7}$$

分别在 O_1 点建立直角坐标系 $O_1\text{-}x_1y_1z_1$ 和柱坐标系 $O_1\text{-}\rho_1\theta_1z_1$，它们满足以下关系

$$\begin{cases} x_1 = \rho_1\cos\theta_1 \\ y_1 = \rho_1\sin\theta_1 \end{cases} \tag{4-8}$$

坐标系 $O\text{-}x_0y_0z_0$ 和 $O_1\text{-}x_1y_1z_1$ 之间的转换关系为

$$\begin{cases} x_1 = x_0 \\ y_1 = y_0\cos\delta - \left(h + \dfrac{H}{2} - z_0\right)\sin\delta + l_2 \\ z_1 = \left(h + \dfrac{H}{2} - z_0\right)\cos\delta + y_0\sin\delta \end{cases} \tag{4-9}$$

式中，H 为环形永磁体的厚度。

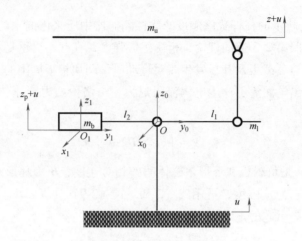

图 4-3　杠杆自由端局部坐标与广义坐标之间的转换关系

将式（4-7）和式（4-8）代入式（4-9）中，可得

$$\begin{cases} \rho_1 = \left[(\rho_0\sin\theta_0)^2 + \left(\rho_0\sin\theta_0\cos\delta - \left(h+\dfrac{H}{2}-z_0\right)\sin\delta + l_2\right)^2 \right]^{1/2} \\ \theta_1 = \arcsin\left\{ \dfrac{\rho_0\sin\theta_0}{\left[(\rho_0\sin\theta_0)^2 + \left(\rho_0\sin\theta_0\cos\delta - \left(h+\dfrac{H}{2}-z_0\right)\sin\delta + l_2\right)^2 \right]^{1/2}} \right\} \\ z_1 = \left(h+\dfrac{H}{2}-z_0\right)\cos\delta + \rho_0\sin\theta_0\sin\delta \end{cases} \quad (4\text{-}10)$$

基板与环形永磁体之间的相对速度为

$$v_b = -\alpha v\cos\delta \quad (4\text{-}11)$$

将式（4-11）代入式（4-6）中，可得基板与环形永磁体之间的电涡流阻尼力沿 z 方向的分量

$$F_{ECDb} = \sigma\int_V v_b \times B \times B\mathrm{d}V = -\alpha\sigma v\cos^2\delta\int_V B_r^2\mathrm{d}V \quad (4\text{-}12)$$

负载板与环形永磁体的相对位移为 $z\text{-}z_b$，因此，负载板与环形永磁体之间的电涡流阻尼力沿 z 方向的分量为

$$F_{ECDl} = \sigma\int_V v_b \times B \times B\mathrm{d}V + \sigma\int_V v \times B \times B\mathrm{d}V$$

$$= -\alpha\sigma v\cos^2\delta\int_V B_r^2\mathrm{d}V + \sigma v\cos\delta\int_V B_r^2\mathrm{d}V + \sigma v\sin\delta\int_V B_r B_z\mathrm{d}V \quad (4\text{-}13)$$

图 4-4 为电涡流阻尼系数 C_{ECD} 与杠杆比 α 的关系图。可以看出,当 $\alpha=$ 0.75 时,电涡流阻尼力在平衡位置附近缓慢变化。电涡流阻尼力的非线性特征随着 α 的增加而增加,这表明阻尼特性可以通过杠杆结构在大幅调整和改变。

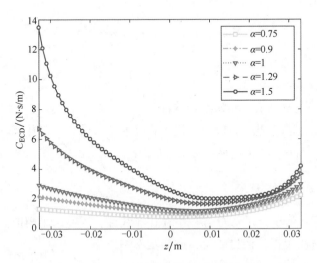

图 4-4　电涡流阻尼系数与杠杆比 α 的关系

4.4　理论建模

4.4.1　运动微分方程

根据式(4-3),可通过将系统的总非线性恢复力 F_T 对位移 z 求解积分,获得杠杆式磁刚度非线性隔振器的势能 V

$$V = \int F_T \mathrm{d}z = \frac{1}{2}k_1 z^2 + \frac{1}{4}k_3 z^4 + \frac{1}{6}k_5 z^6 + \frac{1}{8}k_7 z^8 + \frac{1}{10}k_9 z^{10} \tag{4-14}$$

当杠杆式磁刚度非线性隔振系统受基础激励 $u = u_0 \cos(\omega t + \theta)$ 时,其中, u_0 为激励的位移幅值, ω 为角频率, θ 为响应与激励之间的相位角。因此,根据拉格朗日方程

$$\frac{\mathrm{d}}{\mathrm{d}t}\left(\frac{\partial L}{\partial \dot{q}_\alpha}\right) - \frac{\partial L}{\partial q_\alpha} = Q_\alpha \tag{4-15}$$

可得杠杆式磁刚度非线性隔振器的运动微分方程为

$$\left[m_u+\alpha^2 m_b+\frac{1}{3}m_l(1-\alpha+\alpha^2)\right]\ddot{z}+k_1z+k_3z^3+k_5z^5+k_7z^7+$$

$$k_9z^9+(\alpha+1)F_{ECDl}+\alpha F_{ECDb}=-\left[m_u-\alpha m_b+\frac{1}{2}m_l(1-\alpha)\right]\ddot{u} \qquad (4\text{-}16)$$

为了简化计算，定义以下两个参数

$$M=m_u+\alpha^2 m_b+\frac{1}{3}m_l(1-\alpha+\alpha^2) \qquad (4\text{-}17)$$

$$m=m_u-\alpha m_b+\frac{1}{2}m_l(1-\alpha) \qquad (4\text{-}18)$$

其中，M 为惯性耦合项；m 为激励耦合项。

同时也将电涡流阻尼力拟合后代入式（4-16）中，则简化运动微分方程为

$$M\ddot{z}+k_1z+k_3z^3+k_5z^5+k_7z^7+k_9z^9+(c_0+c_1z+c_2z^2+c_3z^3+c_4z^4)\dot{z}=-m\ddot{u} \qquad (4\text{-}19)$$

4.4.2 幅频响应关系

由于隔振系统的运动微分方程中存在非线性，因此，采用谐波平衡法来获取近似幅频响应关系。假设隔振系统的稳态响应为

$$z=d+Z_r\cos(\omega t) \qquad (4\text{-}20)$$

式中，Z_r 为常数。

将式（4-20）代入式（4-19）中，忽略高次谐波，可得

$$-MZ_r\omega^2+KZ_r=mu_0\omega^2\cos\theta \qquad (4\text{-}21)$$

$$-CZ_r\omega=-mu_0\omega^2\sin\theta \qquad (4\text{-}22)$$

式中

$$KZ_r=k_1Z_r+\frac{3}{4}k_3Z_r^3+\frac{5}{8}k_5Z_r^5+\frac{35}{64}k_7Z_r^7+\frac{63}{128}k_9Z_r^9 \qquad (4\text{-}23)$$

$$CZ_r=c_0Z_r+c_1dZ_r+c_2d^2Z_r+c_3d^3Z_r+c_4d^4Z_r+$$

$$\frac{1}{4}c_2Z_r^2+\frac{3}{4}c_3dZ_r^2+\frac{3}{2}c_4d^2Z_r^2+\frac{1}{8}c_4Z_r^4 \qquad (4\text{-}24)$$

联立式（4-21）和式（4-22），可得 u 和 Z_r 之间的位移传递关系为

$$(-MZ_r\omega^2+KZ_r)^2+(CZ_r\omega)^2=(mu_0\omega^2)^2 \qquad (4\text{-}25)$$

求解式（4-25），可得

$$\omega^2=\frac{-b\pm\sqrt{b^2-4ac}}{2a} \qquad (4\text{-}26)$$

式中

$$a = M^2 Z_r^2 - m^2 u_0^2$$

$$b = C^2 Z_r^2 - 2MZ_r KZ_r$$

$$c = K^2 Z_r^2 \tag{4-27}$$

根据上述公式，杠杆式磁刚度非线性隔振器的总位移为

$$z_1 = z + u = (Z_r + u_0\cos\theta)\cos(\omega t) - u_0\sin\theta\sin(\omega t) \tag{4-28}$$

因此，杠杆式磁刚度非线性隔振系统的位移传递率为

$$T = \sqrt{1 + \left(\frac{Z_r}{u_0}\right)^2 + 2\frac{Z_r}{u_0}\cos\theta} \tag{4-29}$$

将式（4-21）代入式（4-29）中，上式中的传递率可以写为以下形式

$$T = \sqrt{1 + \left(\frac{Z_r}{u_0}\right)^2 + 2\frac{Z_r}{u_0}\frac{-MZ_r\omega^2 + KZ_r}{mu_0\omega^2}} \tag{4-30}$$

4.5　隔振性能仿真分析

本节主要讨论几何参数和电涡流阻尼对杠杆式磁刚度非线性隔振系统隔振性能的影响。数值仿真时所用到的参数列于表 4-1 ~ 表 4-3。其中，杠杆式磁刚度非线性隔振质量、线性弹簧刚度由实验测试而来，阻尼比通过试验方式并由半功率法进行估算。

表 4-3　杠杆式磁刚度非线性隔振系统参数

参数	数值
负载质量（m_u）/kg	0.58
杠杆质量（m_1）/kg	0.0256
杠杆末端永磁体质量（m_c）/kg	0.08
弹簧刚度（k）/N·m^{-1}	2154
阻尼系数（c）/N·s·m^{-1}	2.27
杠杆比（α）	0.75 ~ 1.5

4.5.1　杠杆式磁刚度非线性隔振器隔振性能研究

图 4-5 为当 $z_b = 0.5\text{mm}$、$\alpha = 1$ 及 $H = 7\text{mm}$ 时，杠杆式磁刚度非线性隔振

器在不同 D 下的位移传递率。可以看出，峰值传递率和相应的跳跃频率随着 D 的减小而减小，表明杠杆式磁刚度非线性隔振器的隔振性能随着 D 的减小而增加。此外，也可以从图 4-5 中看出，系统的准零刚度特性随水平刚度 D 的减小变得较为明显。因此，较小的水平距离 D 有利于获得准零刚度特性并提升隔振性能。通过调整永磁体之间的水平距离，可以拓宽隔振频带，提升隔振品质。

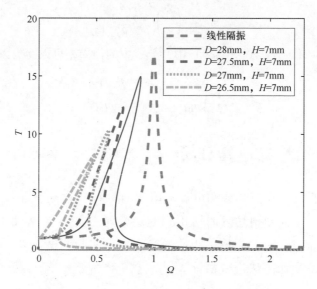

图 4-5　$z_b = 0.5\text{mm}$ 时，不同 D 下杠杆式磁刚度非线性隔振器的位移传递率

当参数选取 $z_b = 0.5\text{mm}$、$\mu_1 = 0.138$、$D = 28\text{mm}$ 和 $H = 7\text{mm}$ 时，图 4-6a 为杠杆式磁刚度非线性隔振系统传递率随杠杆比 α 变化规律曲线，可以看出，杠杆结构可以降低传递率和跳跃频率，且跳跃频率随着 α 的增大逐渐向左移动，表明通过调节 α 可以调控系统的隔振带宽。值得注意的是，传统隔振器通过增加质量或降低刚度来拓宽隔振带宽，非线性隔振系统则需要通过改变隔振系统的非线性刚度来达到此目的，而本章所提出的杠杆式磁刚度非线性隔振系统可以通过调节杠杆比来达到所需的隔振性能。图 4-6b 为杠杆式磁刚度非线性隔振系统传递率随杠杆末端质量比 μ_1 的变化规律曲线，可以看出，随着 μ_1 的增加，峰值传递率明显降低，跳跃频率相应地略有降低，表明较大的杠杆末端质量有利于隔振。考虑到过大的质量会使隔振系统整体质量变大，因此，应慎重设计杠杆末端质量 m_b。此外，随着 μ_1 和 α 的增加，传递

率曲线总是向右弯曲，表明在不同 μ_1 和 α 参数下，隔振系统的非线性特性具有延续性。

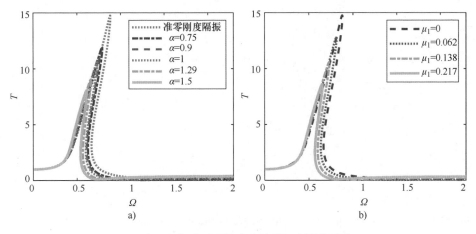

图 4-6　杠杆式磁刚度非线性隔振系统传递率

a）随 α 的调控规律　b）随 μ_1 的调控规律

4.5.2　基于电涡流阻尼的杠杆式磁刚度非线性隔振器隔振性能研究

若用永磁体取代杠杆末端质量，杠杆式磁刚度非线性隔振系统中将引入电涡流阻尼，系统则演化为具有电涡流阻尼的杠杆式磁刚度非线性隔振器。图 4-7 为基于电涡流阻尼的杠杆式磁刚度非线性隔振系统传递率随 D 的变化规律，其余系统初始参数为 $H = 7\text{mm}$、$z_b = 0.5\text{mm}$ 和 $\alpha = 1$。与图 4-5 所示的杠杆式磁刚度非线性隔振器传递率相比，引入电涡流阻尼后，系统的峰值传递率和相应的跳跃频率均降低。此外，考虑到空间装配限制，较小的 D 和较大的 H 有利于提高隔振性能和带宽。

根据图 4-4 所示的电涡流阻尼曲线可知，电涡流阻尼系数在 $\alpha = 0.75$ 时变化较为缓慢，在 $\alpha = 1.5$ 时呈强非线性，表明较大的 α 可以增加电涡流阻尼系数的非线性。换言之，系统阻尼系数可以通过 α 来调整。图 4-8 为当 $z_b = 0.5\text{mm}$、$D = 28\text{mm}$ 和 $H = 7\text{mm}$ 时，杠杆式磁刚度非线性隔振系统传递率随杠杆比 α 的变化规律，可以看出，峰值传递率与其跳跃频率随 α 的增大而降低。此外，与图 4-6a 所示的结果相比，电涡流阻尼可以进一步提高隔振性能和带宽。

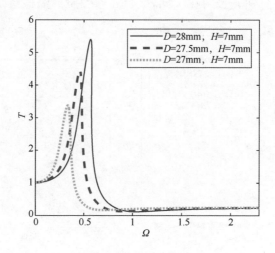

图 4-7 基于电涡流阻尼的杠杆式磁刚度非线性隔
振系统传递率随 *D* 的变化规律

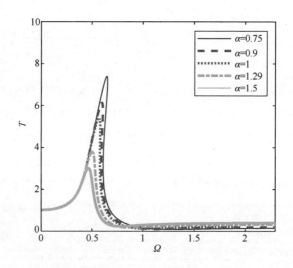

图 4-8 基于电涡流阻尼的杠杆式磁刚度非线性隔振系统传递率
随杠杆比 *α* 的变化规律

图 4-9 为当 *α* 等于 1 时，激励幅值对基于电涡流阻尼的杠杆式磁刚度非线性隔振系统传递率的影响规律，可以看出，传递率随着激励幅值的增大而增大，表明系统在小激励幅值下的隔振性能更好。通过对比两种不同

非线性恢复力下的传递率曲线，可以看出图 4-9a 的隔振性能优于图 4-9b，也说明了图 4-2 所示的恢复力中具有较宽准零刚度区域的结构参数有利于提升隔振性能。此外，基于电涡流阻尼的杠杆式磁刚度非线性隔振系统传递率曲线向右弯曲，体现出负刚度和硬弹簧效应，且隔振性能受激励幅值的影响较大，表明在工程应用中，应当考虑激励幅值对隔振性能的影响，将其限制在合理范围内，以保障有效工作区域。或者采用其他控制策略有效抑制其影响，这方面的研究将在第 5 章中进行详细讨论。

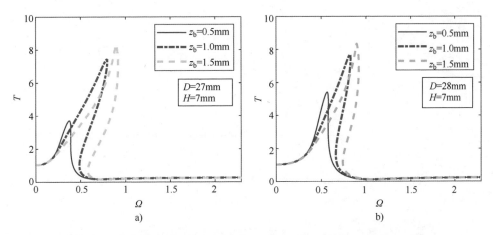

图 4-9　考虑电涡流阻尼力的杠杆式磁刚度非线性隔振系统传递率随激励
幅值 z_b 的变化规律

a）$D=27\text{mm}$，$H=7\text{mm}$　b）$D=28\text{mm}$，$H=7\text{mm}$

4.5.3　杠杆结构对隔振性能的影响规律

图 4-10 为 $D=28\text{mm}$，$H=7\text{mm}$，$u_0=0.5\text{mm}$ 和 $\alpha=1$ 时，不同杠杆式磁刚度非线性隔振系统的传递率曲线对比，其中，对于有或无电涡流阻尼的杠杆式磁刚度非线性隔振器，μ_1 都相同。可以看出，传统线性隔振在谐振频率为 1 时的传递率为 16.8。线性隔振系统加入磁刚度元件后，峰值传递率和跳跃频率同时降低，而此时，纯准零刚度隔振器的传递率曲线向右弯曲，表明引入磁刚度可以提供等效负刚度和硬弹簧效应以提升隔振系统性能。继续在模型中添加末端质量时，由于杠杆结构的作用，杠杆式磁刚度非线性隔振系统的隔振带宽进一步拓宽，且隔振性能进一步提升。当用环形永磁体替代末端质量块时，系统的传递率相较于线性隔振器急剧下

降，表明电涡流阻尼可以显著提高杠杆式磁刚度非线性隔振系统的隔振性能。

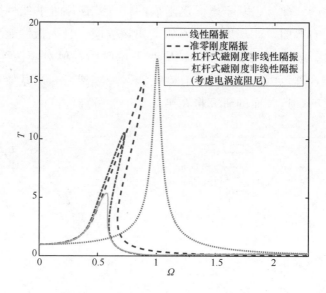

图 4-10　当 $u_0 = 0.5\text{mm}$ 时不同类型隔振器位移传递率对比

4.6　试验研究

本节主要通过试验验证杠杆式磁刚度非线性隔振器的隔振性能，讨论了系统参数电涡流阻尼对隔振性能影响规律。

4.6.1　试验系统设计

图 4-11a、b 分别为杠杆式磁刚度非线性隔振器和基于电涡流阻尼的杠杆式磁刚度非线性隔振器的原理样机，图 4-11c 为杠杆式磁刚度非线性隔振系统试验装置图。原理样机安装于激振台面（TIRA 200N），加速度计 1 安装在底板测量输入激励信号，该信号也同时反馈至控制器，构成闭环回路，控制激振器的输出加速度水平。加速度计 2 安装在负载板，用于测量隔振器响应。扫频激励信号由软件（VibExpert）控制发出，并由功率放大器（VENZO 880）放大。试验时激励加速度、激励振幅和工作带宽分别为 0.2g、0.5mm 和 3～24Hz，扫频速度为 21Hz/min。

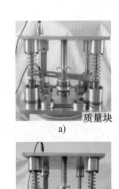

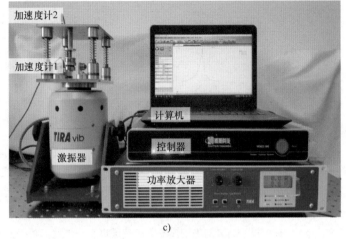

图 4-11　试验样机及试验平台

a）杠杆式磁刚度非线性隔振器原理样机　b）基于电涡流阻尼的杠杆式磁
刚度非线性隔振器原理样机　c）试验装置图

4.6.2　杠杆式磁刚度非线性隔振器的隔振性能

图 4-12a 为测试的磁刚度准零刚度隔振系统传递率随水平距离 D 的变化规律，可以看出，系统发生了明显的跳跃现象，表明了系统的强非线性特征。与线性隔振相比，当磁结构的几何参数为 $D = 28\text{mm}$ 和 $H = 7\text{mm}$ 时，隔振系统的峰值传递率和相应的跳跃频率分别为 14.07 和 0.79，且随着水平距离 D 的减小，峰值传递率和相应的跳跃频率分别降低到 5.24 和 0.56。当水平距离 D 为 26.5mm 时，系统传递率从 16.93 减小至 5.28，相比线性隔振减小约 69%，相应的跳跃频率从 1 降低到 0.56，比线性隔振减小约 44%。图 4-12b 为磁刚度准零刚度隔振器的试验和仿真传递率对比，对于 "$D = 28\text{mm}$，$H = 7\text{mm}$" 和 "$D = 27.5\ \text{mm}$，$H = 7\text{mm}$" 这两种情况，试验传递率的解析解和试验结果吻合非常好。当 D 逐步增大时，准零刚度隔振的理论传递率略大于试验结果，这是由于 D 较小时非线性磁力非常敏感。总体来说，试验结果可以定性地理论和仿真的有效性。

图 4-13a 为 $D = 28\text{mm}$ 和 $H = 7\text{mm}$ 时杠杆式磁刚度非线性隔振系统传递率随质量比 μ_1 的变化规律曲线，可以看出，当 μ_1 从 0、0.062、0.138 增加到

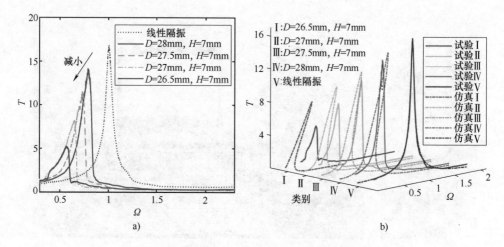

图 4-12　测试的磁刚度准零刚度隔振系统传递率随 *D* 的变化规律

a）试验传递率　b）试验与仿真结果对比

0.217 时，峰值传递率和跳跃频率略有下降。与准零刚度隔振相比，峰值传递率和跳跃频率分别从 13.87 和 0.76 减小至 7.07 和 0.66，比没有末端质量时分别减小 49% 和 13%。图 4-13b 为试验和仿真杠杆式磁刚度非线性隔振系统传递率随质量比 μ_1 变化时的对比图，可以看出，两者跳跃频率非常接近，即便由于安装精度等原因可能导致传递率大小存在细微差异。试验结果验证了杠杆式磁刚度非线性隔振器模型的正确性。

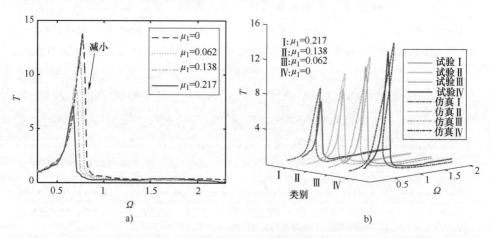

图 4-13　杠杆式磁刚度非线性隔振系统传递率随质量比 μ_1 的变化规律

a）试验传递率　b）试验与仿真结果对比

图 4-14a 为 $D=28\text{mm}$ 和 $H=7\text{mm}$ 时，测试的杠杆式磁刚度非线性隔振器随 α 变化的传递率。随着 α 从 0.75 增加到 1.5，峰值传递率从 10.25 降低至 6.20，相当于隔离性能提升约 40%；对应的峰值频率从 0.74 降低到 0.61。因此，可以通过增大 α 来获得理想的隔振效果。图 4-14b 为杠杆式磁刚度非线性隔振器随杠杆比 α 变化时的试验和仿真传递率对比图，可以看出，杠杆式磁刚度非线性隔振器的仿真和试验跳跃频率非常接近，而仿真和试验传递率的微小差异可能是由于复杂的阻尼和非线性刚度等原因引起的。

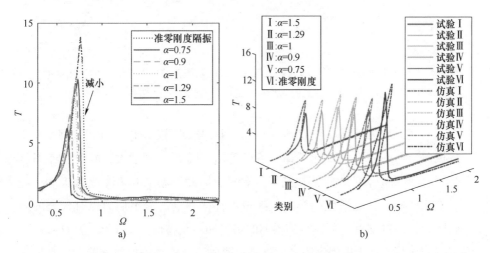

图 4-14　杠杆式磁刚度非线性隔振系统传递率随 α 的变化规律

a）试验传递率　b）试验与仿真结果对比

4.6.3　电涡流阻尼对隔振性能的影响

当将电涡流阻尼效应引入杠杆式磁刚度非线性隔振系统时，图 4-15a 为考虑电涡流阻尼的杠杆式磁刚度非线性隔振系统传递率随水平距离 D 的变化规律，可以看出，随着水平距离 D 的减小，峰值传递率从 5.74 降低到 2.25，隔振性能提高了约 61%。此外，隔离区起始频率从 8.1 降低到 5.2，隔振带宽显著拓宽。图 4-15b 为相应的试验和仿真传递率对比图，可以看出，在 $D=27.5\text{mm}$ 和 $D=28\text{mm}$ 两种情况下，试验结果与仿真结果几乎一致。对于 $D=27\text{mm}$ 这一情况，试验传递率小于仿真结果，这可能与磁刚度系统的安装精度有关。考虑到隔振装置的空间限制，应在设计杠杆式磁刚度非线性隔振系统时选择合适的参数 D。

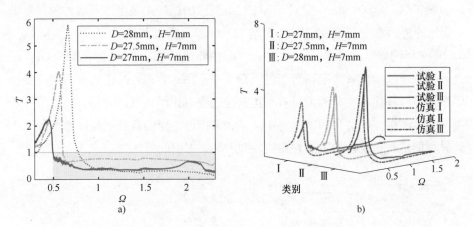

图 4-15 基于电涡流阻尼的杠杆式磁刚度非线性隔振系统传递率随 D 的变化规律

a）试验传递率 b）试验与仿真结果对比

图 4-16a 为 $D=28\text{mm}$ 和 $H=7\text{mm}$ 时，基于电涡流阻尼的杠杆式磁刚度非线性隔振器传递率随 α 的变化规律，可以看出，随着 α 的增大，峰值传递率从 7.95 减小至 2.81，隔振性能提高了约 65%；跳跃频率从 0.7 降低到 0.59。此外，由于杠杆比 α 对惯性耦合项、激励耦合项和电涡流阻尼力也有较大的影响，因此，通过调整 α 可以得到预期的阻尼和质量特性。图 4-16b 为 $D=28\text{mm}$ 和 $H=7\text{mm}$ 时，基于电涡流阻尼的杠杆式磁刚度非线性隔振器试验和仿真传递率对比图，结果表明，在电涡流阻尼作用下，磁刚度非线性隔振系统的理论和试验跳跃频率接近，验证了理论模型的有效性。

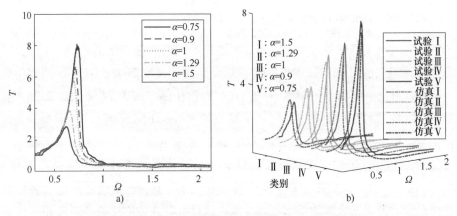

图 4-16 基于电涡流阻尼的杠杆式磁刚度非线性隔振系统传递率随 α 的变化规律

a）试验传递率 b）试验与仿真结果对比

4.6.4　仿真与试验结果对比

图 4-17 为 $u_0 = 0.5\text{mm}$，$\alpha = 1$、$D = 28\text{mm}$ 及 $H = 7\text{mm}$ 时，四种隔振系统的试验与仿真传递率对比。可以看出，非线性系统在激励幅值较大的情况下，数值仿真结果会出现弯曲现象。因此，在试验过程中使用大激励振幅来比较不同类型的隔振器（线性隔振器、准零刚度隔振器、杠杆式磁刚度非线性隔振器和基于电涡流阻尼的杠杆式磁刚度非线性隔振器）传递率的差异。线性隔振的试验峰值传递率和固有频率分别为 16.86 和 10.5Hz。对于磁刚度准零刚度隔振，试验峰值传递率和相应的跳跃频率分别降低到 14.19 和 8.2Hz，如图 4-17b 所示。当结构参数为 $D = 28\text{mm}$ 和 $H = 7\text{mm}$ 时，磁刚度准零刚度隔振的理论传递率略大于试验结果，但其跳跃频率非常接近，这表明由磁刚度产生的非线性恢复力具有"硬弹簧"特性。当引入杠杆结构来调节磁刚度准零刚度隔振系统的等效质量时，进一步提升试验峰值传递率和相应的跳跃频率与仿真值接近，电涡流阻尼可以进一步加强杠杆式磁刚度非线性隔振系统的隔振效果。由图 4-17b~d 可知，磁刚度准零刚度隔振、杠杆式磁刚度非线性隔振和基于电涡流阻尼的杠杆式磁刚度非线性隔振的理论和试验跳跃频率非常接近，验证了理论模型的有效性。此外，试验和仿真结果的传递率曲线存在细微差异，可能源于试验扫频速度的影响。此外，原理样机的加工和安装精度和测试过程中复杂的阻尼因素也可能会影响试验结果，尤其是在低频激励范围下。总之，通过四种不同隔振系统传递率的对比，表明杠杆结构和电涡流阻尼可提高准零刚度隔振系统的隔振性能。

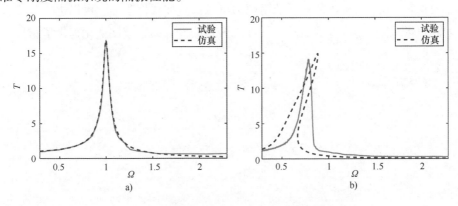

图 4-17　四种隔振系统的隔振性能试验与仿真对比

a）线性隔振器　b）磁刚度准零刚度隔振器

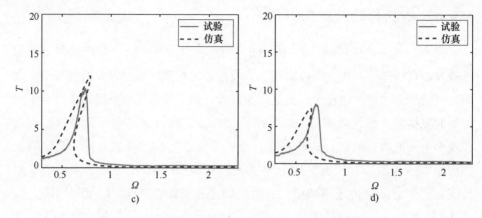

图 4-17　四种隔振系统的隔振性能试验与仿真对比（续）

c）杠杆式磁刚度非线性隔振器　d）带电涡流阻尼的杠杆式磁刚度非线性隔振器

4.7　本章小结

为了进一步提升准零刚度隔振系统的隔振性能，本章提出了一种杠杆式磁刚度非线性隔振方法，并引入了电涡流阻尼以提升系统隔振性能。通过拉格朗日方程建立了杠杆式磁刚度非线性隔振系统的运动方程，基于谐波平衡法获得了位移传递率的近似解析解。通过了数值仿真和试验研究了非线性负刚度、杠杆比、激振幅值和电涡流阻尼对杠杆式磁刚度非线性隔振系统隔振性能的影响规律。结果表明，通过调节杠杆比及末端质量可以提升非线性隔振器的隔振性能。此外，本章所提出的电涡流阻尼力可以产生非线性阻尼，可以进一步提升隔振性能。本章为杠杆式被动非线性隔振器的设计、建模和优化提供了指导。

第5章
磁刚度非线性隔振系统的阻尼设计

5.1 引言

第3章主要介绍了一种基于多组环形永磁体的磁刚度非线性隔振系统的动力学设计方法，并建立了理论模型及分析方法。第4章将杠杆结构引入磁刚度非线性隔振系统，通过调节杠杆比和磁体间的几何参数调节非线性隔振系统的隔振品质[153]。然而，对于非线性系统而言，在激励（如激励幅值、噪声）或参数诱发下会出现不稳定现象[154]，如跳跃、软化、硬化或软-硬兼具的动力学行为[136]。此时，非线性系统的隔振频带变窄、隔振性能降低、稳定性变差[155]。以上两章所给出的磁刚度非线性隔振系统也面临着这种问题，如图3-13~图3-15、图4-5~图4-9等，均存在由于激励幅值诱发的不稳定"跳跃"现象，影响非线性隔振系统的隔振带宽和性能。这些问题如果不能得到有效解决，将限制磁刚度非线性隔振器的工程应用。

根据振动理论可知，增大系统阻尼是一种有效抑制共振峰的方法。分支电路阻尼技术是指将外接电路接入基于智能结构的换能器实现振动控制[90, 91]，例如，将分支电路接入压电换能器构成压电分支电路阻尼[156]，而接入电磁换能器则为电磁分支电路阻尼[112]。分支电路阻尼技术不需要外部传感器装置和控制器，因此控制系统结构简单、易于实现[157, 158]。Choi 和 Park[159]在自感测磁悬浮系统中引入了谐振电路，使磁悬浮系统达到静态稳定。Inoue 等[160]研究了谐振式电磁分支电路阻尼的振动控制性能，根据定点理论得到了最优电阻值和电容值，谐振式电磁分支电路阻尼与调谐质量阻尼器类似，可实现类似于吸振效应的振动控制效果。然而，单谐振分支电路工作带宽窄，只能抑制柔性结构单模态振动[95]。为了克服这一缺陷，Cheng 和 Oh[98]提出一种由多个独立的单谐振分支电路并联而成的电流分流式分支电路，用于悬臂梁多模态振动控制。

谐振分支电路在固有频率或分支电路参数漂移时，极有可能发生失谐甚至失效。有源分支电路需要外部电能驱动，如运算放大器、晶体管、电子开关等，能够克服谐振分支电路对频率的依赖性。Wang 等[161]为了减小分支电路闭合回路的总电阻，设计了一种负电阻电磁分支电路阻尼器，使振动控制性能得到较大提升。负电阻从理论上可以抵消线圈的固有电阻，增大分支电路中的感应电流，从而增大控制力[112]。通过对单自由度系统[112]和梁[162]的隔振研究，负电阻可以改善共振区的隔振性能。Zhang 等[113]在对悬臂板多模态振动控制研究中提出了负电感负电阻的概念，该技术也可以作为宽频带吸振器用于吸收悬臂梁的多模态振动[115, 163]。Stabile 等[117, 164]采用负阻抗电磁分支电路阻尼器成功降低了航天器的微振动。利用电磁换能器的自传感特性，Yan 等[165]实现了空间天线反射器的自传感速度反馈振动控制。为了克服参数变化的影响，McDaid 和 Mace[166]研究了一种自适应谐振分支电路以拓宽吸振带宽。随后，McDaid 和 Mace[167]提出了一种基于模糊控制的负电阻电磁分支电路阻尼，提高了系统的鲁棒性，并提升了吸振性能。Li 和 Zhu[126]对负电阻电磁分支电路阻尼的多方面性能进行了研究。

因此，本章将电磁分支电路阻尼引入磁刚度非线性隔振系统，用以调节系统不稳定的动力学行为，提高鲁棒性和隔振品质。首先，介绍了负阻抗电磁分支电路阻尼方法，设计了基于负阻抗转化器的分支电路，分析了分支电路的功率。其次，建立了基于电磁分支电路阻尼的磁刚度非线性隔振系统理论模型，研究了负电阻对磁刚度非线性隔振系统隔振特性的影响规律，并详细分析了其优缺点。最后，提出了非线性电磁分支电路阻尼振动控制方法，分析了感应电压与位移响应的频率关系，建立了等效质量和等效阻尼模型，分析了非线性阻尼对磁刚度非线性隔振系统隔振性能的影响规律。

5.2 负阻抗电磁分支电路阻尼

5.2.1 受控源简介

在介绍受控源之前，首先回顾一下阻抗的概念。图 5-1 为三种常用的阻抗：电阻、电感和电容。根据欧姆定理可以知道，针对电阻而言，其大小为电阻两端电压和通过其电流之比。然而，电感使得电路的电流比电压超前了 90°，同样，电容使得电路的电流比电压滞后了 90°。无论如何，这三种常用阻抗两端的电压和电流都满足一定的关系，其阻抗分别为 R、$jL\omega$、$-j/\omega C$。

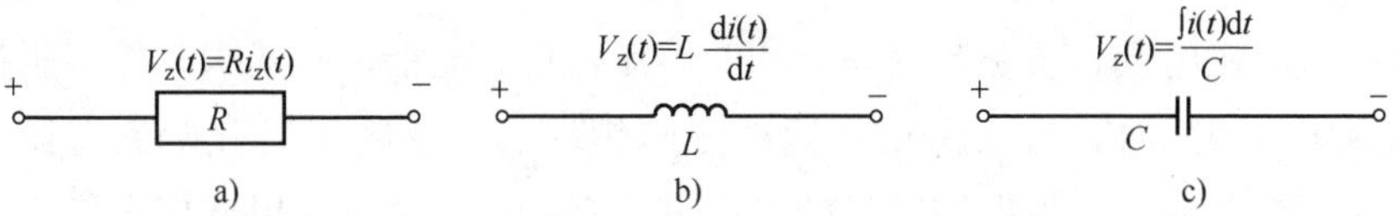

<table>
<tr>
<td align="center">$V_z(t)=Ri_z(t)$

□ R □

a)</td>
<td align="center">$V_z(t)=L\dfrac{di(t)}{dt}$

L

b)</td>
<td align="center">$V_z(t)=\dfrac{\int i(t)dt}{C}$

C

c)</td>
</tr>
</table>

图 5-1　常用阻抗

a）电阻　b）电感　c）电容

由以上分析可以看出，阻抗可以看成是控制电压和电流之间的关系。图 5-2 为受控源原理图，图 5-2a 为输入电压和控制电流构成的关系，$V_z(t)=f[i_z(t)]$，那么，在 Laplace 域下，

$$V_z(s)=Z(s)I(s) \tag{5-1}$$

图 5-2b 为电流和电压组成的控制关系，$i_z(t)=f[V_z(t)]$，

$$I(s)=Y(s)V_z(s) \tag{5-2}$$

其中，$Y(s)$ 为电路的导纳，$Y(s)=1/Z(s)$。可以看出，通过控制输入的电压电流，建立一定的关系，可以构建任意形式的阻抗。

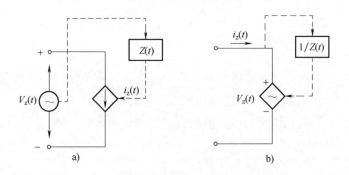

图 5-2　受控源原理图

a）电压控制电流源　b）电流控制电压源

随着电子信息技术的发展与进步，半导体元器件取得了长足的发展和广泛的应用。目前，传统的电感以及电容都可以使用晶体管、运算放大器等器件来

等效。此时需要用稳压直流源驱动才能实现。一般而言，普通运放的供电电压在 $\pm 4V \sim \pm 35V$ 之间。

5.2.2 分支电路阻尼机理

图 5-3 为电磁分支电路阻尼振动控制系统的原理图，即当机械动力学系统在外力 $f_e(t)$ 的作用下发生振动，其中，d 为位移。此时，一部分动能通过电磁换能器的机电耦合将系统的动能和变形能转化为电能。当线圈和外接阻抗相连构成闭合回路时，与结构相对运动方向相反的电磁阻尼力开始消耗振动能量，从而抑制振动。根据控制目的可以设计多种分支电路，以调控电气回路的电流及电磁阻尼力，从而实现振动控制。

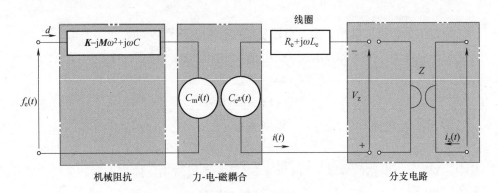

图 5-3 电磁分支电路阻尼振动控制系统原理

5.2.3 负电阻分支电路

线圈可以等效为串联的电感和电阻，那么，使用负电阻可以抵消线圈的内阻抗以减小整个电路的阻抗值，从而增大控制电流，提高电磁阻尼力。图 5-4 为基于运算放大器构建的负阻抗转换器，根据虚短和虚断原理，运算放大器的同相输入端的电压为

$$u_+ = \frac{Z_3}{Z_2+Z_3} u_o \tag{5-3}$$

其中，u_o 为运算放大器输出端电压。

此时，对于 Z_1 而言，两端的电势差为

$$u_- - u_o = u_+ - u_o = iZ_1 \tag{5-4}$$

式中，i 为通过 Z_1 的电流。

因此，等效负电阻为电压和电流之比，写为

$$Z_{\mathrm{in}} = \frac{u_-}{i} = -\frac{Z_3}{Z_2}Z_1 \qquad (5\text{-}5)$$

可以看出，当 Z_1、Z_2 和 Z_3 为电阻时，单个运算放大器就可以构建负电阻，其中，当 $Z_2 = Z_3$ 时，Z_1 就为负电阻，当 $Z_1 = Z_2$ 时，Z_3 就可以近似看成为负电阻。

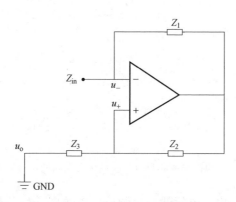

图 5-4　负阻抗转换器原理

将图 5-4 所示的负阻抗和电磁线圈相连构成闭合电路，进行电路仿真，仿真原理如 5-5 所示。等效负电阻则为

$$R_{\mathrm{in}} = -\frac{R_3}{R_2}R_{\mathrm{s}} \qquad (5\text{-}6)$$

若 $R_2 = R_3$，则 R_{s} 就为等效负电阻。若在前端串联一个保护电阻 R_{c}，则电路的等效电流为

$$I = \frac{V_{\mathrm{e}}}{\mathrm{j}\omega L_{\mathrm{e}} + R_{\mathrm{e}} + R_{\mathrm{c}} - R_{\mathrm{s}}} \qquad (5\text{-}7)$$

此时，负电阻分支电路的功率为

$$P_{\mathrm{s}} = -I^2 R_{\mathrm{s}} = -\frac{V_{\mathrm{e}}^2 R_{\mathrm{s}}}{(\mathrm{j}\omega L_{\mathrm{e}} + R_{\mathrm{e}} + R_{\mathrm{c}} - R_{\mathrm{s}})^2} \qquad (5\text{-}8)$$

由式（5-8）可以看出，负电阻的功率为负，这与普通电阻的功率恰恰相反。因此，负电阻相当于一个源源不断向线圈提供能量的元器件。

5.2.4　负电阻电路分析

图 5-6 为在输入为 $\sin(100\pi t)$ 时，当运算放大器的供电电压为 ±24V 时，

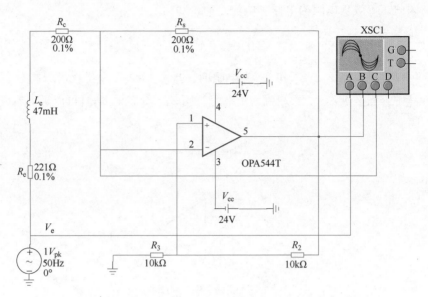

图 5-5　电磁线圈和负电阻构成闭合电路的仿真原理图

负电阻两端的电压和输入电压的对比图。可以看出，在不考虑幅值的情况下，
负电阻两端的电压相位和输入电压相位几乎相差 $180°$。综合图 5-6 和式（5-5）
可得，负电阻相当于通过运算放大器的作用，使电路中的电压和电流产生
反相。

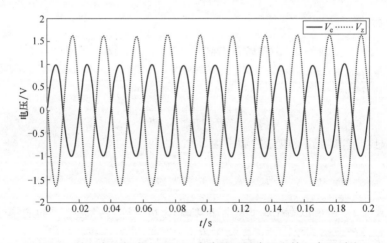

图 5-6　输入电压频率为 **50Hz**，负电阻两端电压和输入电压对比

图 5-7 为输入电压为 300Hz，$R_\text{c} = 100\Omega$ 及 $R_\text{s} = -250\Omega$ 时，负电阻两端电
压和输入电压的对比曲线，可以看出，负电阻两端的电压与输入电压相比相

位差小于 180°。这是由于线圈中的电感会影响电流的相位，随着电路阻抗值的减小及频率的增大，感抗对电路阻抗的贡献比重逐渐增大，相位的超前也就越来越明显。此时，电磁分支电路阻尼控制力不能在结构响应最大的时刻施加在被控结构上，在一定程度上削弱了分支电路阻尼的控制能力。此外，这中间也存在一定的盲区，在此区间，阻尼力的方向与相对运动方向相同，不利于振动控制。因此，负电阻分支电路在高频时振动控制性能会有所降低。

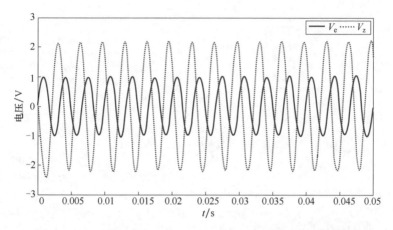

图 5-7　输入电压频率为 300Hz，负电阻两端电压和输入电压对比

图 5-8 为 $R_c = 200\Omega$ 时，负电阻分支电路功率随频率变化的曲线，可以看

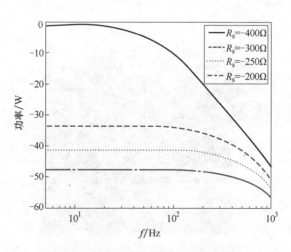

图 5-8　负电阻功率随频率变化的曲线

出，随着负电阻值的增大，能耗增加；对于给定的线圈，能耗在一定的频域范围内相对稳定，超过此范围，能耗则迅速下降。因此，针对不用的被控结构，可根据相应的准则来选取适当的分支电路值。

5.2.5 负电阻电路板

图 5-9 为印制电路板时所设计的负电阻电气原理图，图 5-10 为负阻抗电路板样机。

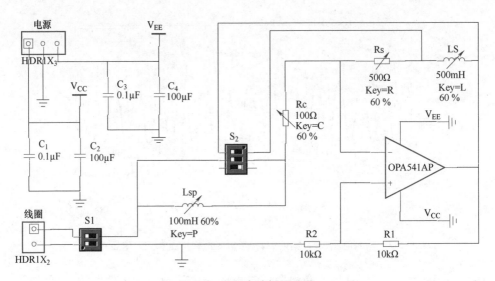

图 5-9 印制电路板原理图

图 5-10 负阻抗电路板样机

5.3 磁刚度非线性隔振系统的线性阻尼设计

5.3.1 半主动线性电磁分支电路阻尼结构

图 5-11 为半主动磁刚度非线性隔振器的三维模型及其永磁体和线圈的分布形式。磁刚度非线性隔振器构型已在第 3 章进行了详细的介绍，这里不再赘述。半主动阻尼调控系统是在永磁体 PM_1^f 和 PM_2^f 之间位置引入线圈，在外界激励下，线圈和永磁体之间产生相对运动，从而产生感应电动势，此时，将图 5-9 所示的电路接入线圈，构成半主动阻尼。环形永磁体的位置和极性分布方式如图 5-11b 所示，线圈沿两永磁体 PM_1^f 和 PM_2^f 中间对称均匀分布，PM^b 和 PM^M 之间的水平距离为 D、垂直距离为 H，PM^M 与 PM_2^f 之间的距离为 H_{MF}，PM_2^f 和 PM_1^f 之间的距离为 H_F。环形永磁体的几何参数及剩磁强度见表 5-1。

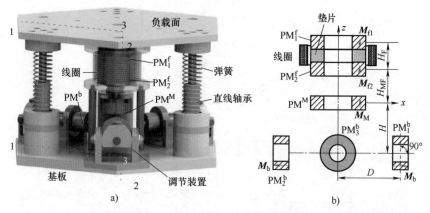

图 5-11 半主动磁刚度非线性隔振器

a）三维模型 b）永磁体和线圈分布（1-3-2 截面）

表 5-1 环形永磁体的几何参数及剩磁强度

参数	PM^b	PM^M	PM^f
内半径/mm	2	3	4
外半径/mm	7.5	12.25	14
高度/mm	10	8	10
剩磁强度/T	1.25	1.18	1.27

5.3.2　电磁分支电路阻尼的理论模型

电磁分支电路阻尼技术并不需要传感网络，通过电磁感应实时传感速度信号，仅需调节电路的阻抗值，调节线圈的控制电流，从而调控安培力以实现结构的振动控制，因此，它是一种半主动控制技术，也是实现半主动阻尼的一种方法[165]。图 5-12a 为基于电磁分支电路阻尼的磁刚度非线性隔振系统示意图，根据法拉第电磁感应定律，当线圈和永磁体之间产生相对运动时，线圈产生感应电动势 $V_e(t)$[114]，写为

$$V_e(t) = C_e \dot{z} \tag{5-9}$$

其中，$\dot{z}$ 为负载面和基平面之间的相对速度；C_e 为电磁结构的机电耦合系数，图 5-12b 所示的结构在小激励幅值下，可将 C_e 视为常数。

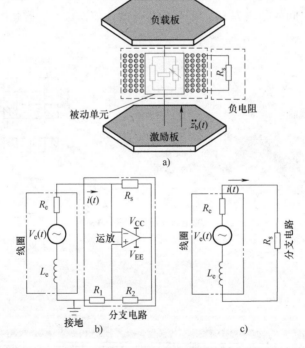

图 5-12　半主动磁刚度非线性隔振系统模型及电路图

a）基于电磁分支电路阻尼的磁刚度非线性隔振系统示意图

b）负电阻分支电路与线圈构成的闭合回路　c）等效闭合回路

当电路闭合时，电磁结构产生的安培力为

$$F_e = C_m i(t) \tag{5-10}$$

其中，$i(t)$ 为闭合电路的感应电流；C_m 为线圈与永磁体之间的电磁耦合系数，根据文献 [112] 可知 $C_m = C_e$。

图 5-12b 为负电阻分支电路与线圈构成的闭合电路，根据基尔霍夫电压定律，闭合电路的控制方程为

$$V_e = L_e \frac{\mathrm{d}i}{\mathrm{d}t} + (R_e + R_s)i(t) \tag{5-11}$$

其中，L_e 和 R_e 为线圈的等效电感和等效电阻；R_s 为等效负电阻，通过调节 R_s 来获得所需的负电阻。此外，$R_e + R_s$ 必须大于 0，以保证阻尼系统的稳定性[112]。

5.3.3 非线性永磁力

基于第 2 章的非线性磁力理论模型，本节分析了三个固定永磁体 PM^b 与移动永磁体 PM^M、PM_1^f、PM_2^f 之间沿垂直方向上的合力。图 5-13 为非线性永磁力随 D 和 H 变化的曲线及相应的多项式拟合结果，包含了 $D = 20\mathrm{mm}$、$H = 10\mathrm{mm}$ 和 $D = 23\mathrm{mm}$、$H = 13\mathrm{mm}$ 两种情况。可以看出，非线性磁刚度在拟合范围内呈现负刚度特性，负刚度随 D 和 H 的减小而增大。本章使用五阶多项式对永磁力进行了拟合，如下：

$$F_M(z) = f_c + k_{12}z + k_3 z^3 + k_5 z^5 \tag{5-12}$$

其中，k_{12} 为线性刚度；k_3 和 k_5 为非线性刚度；f_c 为常力。

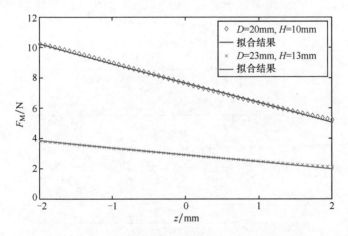

图 5-13 非线性永磁力及相应的多项式拟合结果

当系统处于静平衡位置时，常力与弹簧弹性恢复力和重力抵消。多项式的拟合效果如图 5-13 所示，拟合的刚度系数列于表 5-2 中。

表 5-2　多项式的非线性刚度系数

参数	k_{12}	k_3	k_5
$D = 20\text{mm}$；$H = 10\text{mm}$	-1269.3	-6.159×10^6	-4.663×10^{-2}
$D = 23\text{mm}$；$H = 13\text{mm}$	-452.7	-4.144×10^6	-4.176×10^{-2}

5.3.4　基于电磁分支电路阻尼的磁刚度非线性隔振理论模型

图 5-14 为基于电磁分支电路阻尼的磁刚度非线性隔振理论模型，其中，红色虚线区域内为被动单元，包含质量-弹簧-阻尼线性部分和永磁体产生的非线性刚度部分，绿色点画线区域内为电磁分支电路产生的阻尼力。当外界激励较小时，机电耦合系数 C_e 和电磁耦合系数 C_m 均可看作常数。此时，产生的阻尼力为线性力，因此，这种情况视为线性电磁分支电路阻尼。假设隔振系统受 $z_b \cos(\omega t + \theta)$ 的基础激励，其中，z_b 和 ω 为激励的位移幅值和圆频率，t 为时间，θ 为激励与响应之间的相位差。此时，基于电磁分支电路阻尼的磁刚度非线性隔振系统运动方程为

$$m\ddot{z} + c\dot{z} + k_1 z + k_3 z^3 + k_5 z^5 + F_e = m z_b \omega^2 \cos(\omega t + \theta) \tag{5-13}$$

其中，m、c、k_1 分别为质量、黏性阻尼和线性刚度；z 为相对位移；$\ddot{z}$ 和 $\dot{z}$ 为相对加速度和相对速度；$k_1 = k_{11} + k_{12}$，k_{11} 为三根弹簧的等效线性总刚度。

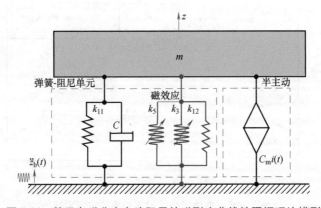

图 5-14　基于电磁分支电路阻尼的磁刚度非线性隔振理论模型

将式（5-10）代入式（5-13），考虑 $C_m = C_e$，可得

$$m\ddot{z}+c\dot{z}+k_1z+k_3z^3+k_5z^5+C_ei(t)=mz_b\omega^2\cos(\omega t+\theta) \tag{5-14}$$

将式（5-9）代入式（5-11），可得

$$L_e\frac{di}{dt}+(R_e+R_s)i(t)-C_e\dot{z}=0 \tag{5-15}$$

对于该强非线性系统，本章继续采用谐波平衡法求解非线性系统的幅频响应关系。设半主动磁刚度非线性隔振系统位移和电流的稳态响应为

$$z=a\sin(\omega t)+b\cos(\omega t) \tag{5-16}$$

$$i(t)=p\sin(\omega t)+q\cos(\omega t) \tag{5-17}$$

式中，a、b、p、q 均为常数。

将式（5-16）和式（5-17）代入式（5-14），整理 $\sin(\omega t)$ 和 $\cos(\omega t)$ 的常数项可得

$$-L_e\omega q+p(R_e+R_s)+C_e\omega b=0 \tag{5-18}$$

$$L_e\omega p+q(R_e+R_s)-C_e\omega a=0 \tag{5-19}$$

联立式（5-18）和式（5-19），可得

$$p=-U(R_e+R_s)\omega b+UL_e\omega^2 a \tag{5-20}$$

$$q=U(R_e+R_s)\omega a+UL_e\omega^2 b \tag{5-21}$$

式中

$$U=\frac{C_e}{L_e^2\omega^2+(R_e+R_s)^2} \tag{5-22}$$

将式（5-20）、式（5-21）、式（5-16）和式（5-17）代入式（5-13），忽略高阶谐波项，整理 $\sin(\omega t)$ 和 $\cos(\omega t)$ 的常数项可得

$$-m\omega^2a-c\omega b+k_1a+\frac{3}{4}k_3(a^3+ab^2)+\frac{5}{8}k_5(a^5+2a^3b^2+ab^4)+$$

$$UC_e\omega(-(R_e+R_s)b+L_e\omega a)=-A\sin\theta \tag{5-23}$$

$$-m\omega^2b+c\omega a+k_1b+\frac{3}{4}k_3(a^2b+b^3)+\frac{5}{8}k_5(a^4b+2a^2b^3+b^5)+$$

$$UC_e\omega((R_e+R_s)a+L_e\omega b)=A\cos\theta \tag{5-24}$$

因此，根据式（5-23）和式（5-24）可得基于电磁分支电路阻尼的磁刚度非线性隔振系统的幅频响应关系，如下

$$r^2\left(\frac{5}{8}k_5r^4+\frac{3}{4}k_3r^2+k_1-m\omega^2+UL_eC_e\omega^2\right)^2+r^2(c\omega+U(R_e+R_s)C_e\omega)^2=m^2z_b^2\omega^4$$

$$\tag{5-25}$$

$$\cos\theta = r\left(\frac{5}{8}k_5r^4+\frac{3}{4}k_3r^2+k_1-m\omega^2+UL_eC_e\omega\right)\Big/mz_b\omega^2 \qquad (5\text{-}26)$$

式中，$r=\sqrt{a^2+b^2}$ 为相对位移。

磁刚度非线性隔振系统的绝对位移为

$$z_1 = z_b\cos(\omega t+\theta)+r\cos(\omega t) = (z_b\cos\theta+r)\cos(\omega t)-z_b\sin\theta\sin(\omega t) \qquad (5\text{-}27)$$

因此，基于电磁分支电路阻尼的磁刚度非线性隔振系统的传递率可以写为

$$T=\left|\frac{z_1}{z_b}\right| = \sqrt{1+\left(\frac{r}{z_b}\right)^2+2\left(\frac{r}{z_b}\right)\cos\theta} \qquad (5\text{-}28)$$

式中，$\cos\theta$ 可由式（5-24）计算获得。

5.3.5 数值仿真

本节基于上一节的理论建模对基于电磁分支电路阻尼的磁刚度非线性隔振系统隔振性能进行分析，表 5-2 及表 5-3 分别列出了仿真时所需要的参数，其中，结构阻尼比 ζ 及弹簧总刚度 k 根据试验测试而来，仿真时的基础激励幅值为 $0.2g$（$g=9.81\mathrm{m\cdot s^{-2}}$）。

表 5-3　半主动非线性隔振器的部分参数

参数	数值
质量 $(m)/\mathrm{kg}$	0.5
阻尼比 (ζ)	0.0445
弹簧总刚度 $(k)/\mathrm{N\cdot m^{-1}}$	2021
线圈电阻 $(R_e)/\Omega$	1143
电磁耦合系数 $(C_m)/\mathrm{N\cdot A^{-1}}$	49

图 5-15 和图 5-16 分别为图 5-13 中的两种磁刚度条件下，通过调节负电阻 R_s 时磁刚度非线性隔振系统传递率。可以看出，当未使用负电阻电磁分支电路阻尼时，被动式磁刚度非线性隔振系统发生了跳跃现象，峰值传递率较大。传递率曲线向左弯曲，说明被动式磁刚度非线性隔振系统具有负刚度和软弹簧特性。当引入负电阻电磁分支电路阻尼后，隔振系统变为半主动阻尼调控系统。随着负电阻的增大，非线性隔振系统的峰值频率降低、跳跃现象消失，即负电

阻电磁分支电路阻尼提高了隔振系统的阻尼，以此提升了耦合系统的稳定性。同时，也发现随着负电阻的增大，半主动非线性隔振系统在高频隔振区的隔振性能变差，峰值频率稍微增大。比较图 5-15 和图 5-16，可以发现，第一种情况下的跳跃频率要小于第二种情况，说明系统的隔振带宽取决于磁刚度非线性隔振系统的非线性刚度，即由永磁体间的相对位置确定，而负电阻电磁分支电路阻尼可以提高低频共振区的隔振性能，并有效抑制非线性系统的跳跃现象，提高系统的稳定性。

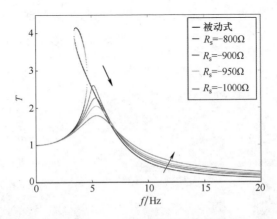

图 5-15　磁刚度非线性隔振系统传递率随负电阻 R_s 的
变化规律（$D = 20\text{mm}$，$H = 10\text{mm}$）

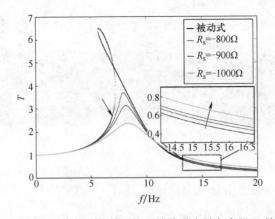

图 5-16　磁刚度非线性隔振系统传递率随负电阻 R_s 的
变化规律（$D = 23\text{mm}$，$H = 13\text{mm}$）

5.3.6　试验研究

本节研制了磁刚度非线性隔振器与负电阻分支电路，设计了低频隔振试验系统，开展了磁刚度非线性隔振系统的阻尼调控特性试验。图 5-17 为试验的场景布置照片，磁刚度非线性隔振器安装在激振器（型号：200N TIRA），使用两个加速度传感器测量输出和输入信号，其中，一个加速度传感器安装在隔振器基平面，记录输入加速度信号，同时也将该信号反馈至控制器并构成闭环系统，对激振器的激励水平进行实时控制以确保激励的准确性。另外一个加速度传感器安装在负载板测量振动响应。这样，通过采集的输出和输入加速度信号，获取传递率曲线。试验中，采用了低通滤波器以保证低频段信号的真实度。

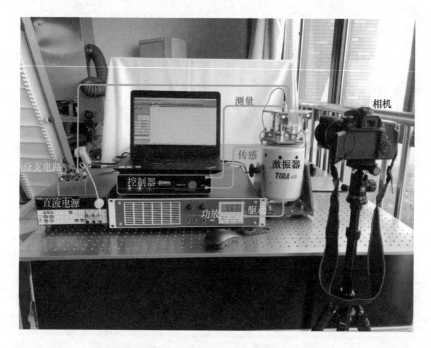

图 5-17　隔振试验照片

本节所使用的负电阻分支电路由运算放大器 OPA541 AP 构建。将其直接与隔振器线圈相连，构成闭环回路，产生电磁分支电路阻尼，从而实现磁刚度非线性隔振系统的阻尼调控。试验时，加速度激励幅值为 $0.2g$，扫频频带为 $2{\sim}52\mathrm{Hz}$，扫频速率为 $1\mathrm{Hz/s}$。

图 5-18 为测试的线性隔振系统传递率曲线，固有频率和峰值响应较大，分别为 10.12Hz 和 12.67。图 5-19 为当 $D=20$mm 及 $H=10$mm 时，测试所得的基于负电阻电磁分支电路阻尼的磁刚度非线性隔振系统传递率曲线。由此可见，当永磁体在该几何状态下，隔振系统的峰值传递率和对应的跳跃频率分别为 2.42 和 4.77Hz，与线性隔振相比，隔振性能提升了 81%，跳跃频率降低了 53%，表明磁刚度非线性有益于隔振性能的提升，这是第 3 章中所验证的结论。当引入负电阻电磁分支电路阻尼后，系统演化为半主动非线性系统。当负电阻从 -800Ω 增大到 -1000Ω 时，最大传递率从 1.72 减小至 1.51，相应的峰值频率也从 4.95Hz 增大到 5.20Hz，表明增大负电阻可以有效抑制共振区振动。此外，被动式非线性隔振系统跳跃现象消失了，表明系统的稳定性显著提升。但是，高频隔振区的传递率随负电阻的增大而增大，表明图 5-11b 所示结构阻尼为线性，不能兼顾低频与高频的减隔振。

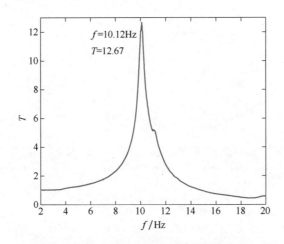

图 5-18　测试的线性隔振系统传递率曲线

为了更加深入研究负电阻电磁分支电路阻尼对磁刚度非线性隔振系统的影响规律，试验时当系统传递率小于等于 1 时，将分支电路断开，以此开展了多组试验。图 5-20 为 R_s 分别为 -800Ω、-900Ω、-950Ω 和 -1000Ω 时，闭合和断开两种状态下半主动磁刚度非线性隔振系统传递率试验对比，其中，$D=20$mm，$H=10$mm，青色圆点为电路从该频率处断开。可以看出，当负电阻电磁分支电路断开时，非线性隔振系统在隔振区内的隔振性能有效提高，表明该类型的负电阻电磁分支电路可提供可观的线性阻尼以提升低频共振区的振动，但并不利于高频隔振区的振动隔离。

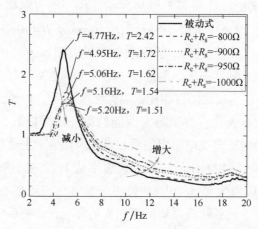

图 5-19　基于负电阻电磁分支电路阻尼的磁刚度非线性隔振系统传递率

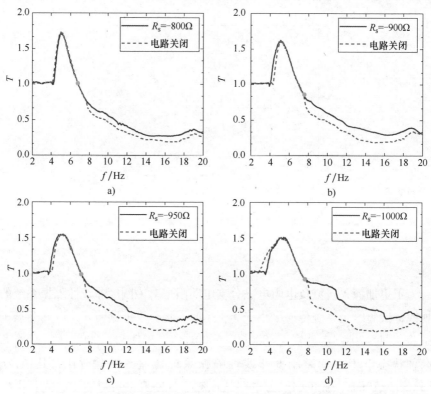

图 5-20　闭合和断开两种状态下半主动磁刚度非线性隔振系统的传递率曲线对比

a）$R_s = -800\Omega$　b）$R_s = -900\Omega$　c）$R_s = -950\Omega$　d）$R_s = -1000\Omega$

将 D 和 H 分别调节至 23mm 和 13mm 后再次进行试验，传递率曲线如图 5-21 所示。可以看出，磁刚度非线性隔振系统的峰值传递率和跳跃频率分别为 4.20 和 6.30Hz。当接入负电阻电磁分支电路后，随着负电阻的增加，传递率从 4.20 降低至 2.95，发现高频隔振区内的响应稍微增大，并不利于高频隔振。

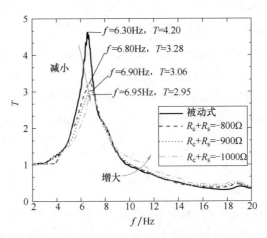

图 5-21　测试的半主动磁刚度非线性隔振系统传递率曲线

图 5-22 为 R_s 分别为 -800Ω、-900Ω 和 -1000Ω 时，闭合和断开两种状态下半主动磁刚度非线性隔振系统传递率试验对比，其中，$D = 23$mm、$H = 13$mm，图中青色圆点表示分支电路从该频率处断开。试验结果同样说明，负电阻电磁分支电路可以有效提升系统的阻尼，抑制低频共振区的响应及跳跃现象，从而提高系统的稳定性，但其并不利于高频隔振。图 5-20 和图 5-22 均表

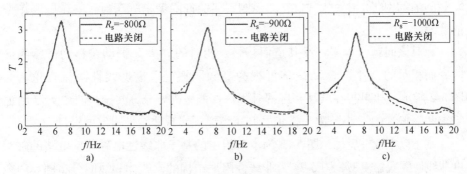

图 5-22　闭合和断开两种状态下半主动磁刚度非线性隔振系统的传递率对比
a）$R_s = -800\Omega$　b）$R_s = -900\Omega$　c）$R_s = -1000\Omega$

明，负电阻电磁分支电路阻尼可以有效提高共振区内的隔振性能，消除跳跃现象以增强系统的稳定性。

5.4 磁刚度非线性隔振系统的非线性阻尼设计

第 5.3 节针对磁刚度非线性隔振系统随激励幅值、频率及随机扰动引起的突跳、跳跃等不稳定行为，将负电阻电磁分支电路阻尼引入磁刚度非线性隔振系统，研究了负电阻对非线性隔振系统隔振性能的调控规律，验证了电磁分支电路可增大非线性隔振系统的阻尼，提高稳定性。但是，引入线性阻尼会不可避免地降低高频隔振区的隔振能力。本小节主要基于电磁分支电路阻尼设计非线性阻尼，以兼顾低高频振动隔振，提升磁刚度非线性隔振系统的低变频隔振。

5.4.1 非线性电磁分支电路阻尼机理

图 5-11b 给出的电磁耦合结构线圈位于磁体 PM^r 对中间，通过切割磁体间的磁力线实现高效的机电转化。分析发现，PM^r 磁体对间的磁场强度较大，且较为均匀，当线圈位置不超过 PM^r 磁体间垫片的厚度时，机电耦合系数可近似为常数。沿着磁体轴向，磁力线平行于轴线，该区域线圈运动方向几乎和磁力线平行，不能通过切割磁感线产生感应电动势，也就是说，机电耦合系数近似为零，表明该结构使得大位移时的机电耦合性能较弱，而小位移时的机电耦合性能较强。当振动位移在磁体径向磁场强度较强范围内产生线性电磁阻尼力，而在大位移下所产生的阻尼力可能微乎其微。以上分析表明，第 5.3 节所给出的阻尼为线性，导致磁刚度非线性隔振系统在高频隔振区隔振性能变差。

针对该问题，本节将反其道而行之。相对的"大"振动位移为低频隔振区，而相对的"小"振动位移可视为高频隔振区。根据线性隔振理论，如图 3-2 所示，如果想在低高频区提升隔振性能，需要兼顾共振区的"大"阻尼需求和隔振区的"小"阻尼需求，基于该原理实现非线性阻尼的设计。

基于以上设计思想，图 5-23 为本节给出的基于非线性电磁分支电路的磁刚度非线性隔振器模型，图 5-24 为非线性阻尼结构的永磁体和线圈分布图。两个永磁体 PM^m 通过圆轴固定在负载板，轴线与三个永磁体 PM^b 的轴线互相垂直，环形永磁体的磁化方向如图 5-24 所示。与图 5-11 不同之处是永磁体和线圈的绕制方式，可以看出，本设计有两个反向绕制的线圈，首尾相连接入负电阻分支电路。将线圈架子固定于基板，使得线圈和永磁 PM_1^u 和 PM_2^u 之间可以产生相对运动，产生非线性阻尼。永磁体剩磁强度和几何参数如表 5-4 所示。

图 5-23　基于非线性电磁分支电路阻尼的磁刚度非线性隔振器原理图

a）三维模型　b）主视图　c）俯视图

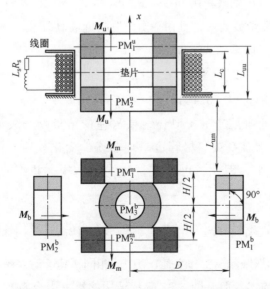

图 5-24　非线性阻尼结构的永磁体和线圈分布

表5-4 永磁体的几何参数及剩磁强度

参数	PM^b	PM^m	PM^u
内半径/mm	2	3	9
外半径/mm	7.5	12.25	14
高度/mm	10	8	10
剩磁强度/T	1.03	0.96	1.19

5.4.2 非线性电磁分支电路阻尼的理论模型

图5-24所示的线圈和永磁体的结构,当永磁体与线圈产生相对运动时,两个线圈的两端会分别感应出电动势。由于两个线圈串联且绕制方向相反,因此,总感应电动势为二者之差。由于相对速度相等,此时等效电磁耦合系数 C_e 为

$$C_e = C_{e1} - C_{e2} \tag{5-29}$$

式中,C_{e1} 和 C_{e2} 分别为两个线圈的电磁耦合系数。

将图5-24和图5-11b所示的非线性和线性电磁结构重新绕制线圈,其中,非线性结构的线圈为350匝,线性结构的线圈为110匝。图5-25为非线性和线性电磁耦合系数 C_e 的解析解和多项式拟合结果。由图5-25a可以看出,C_e 与相对位移呈非线性函数关系,且在平衡位置附近近似为零。为了便于动力学分析,将 C_e 近似为三阶多项式,如下:

$$C_e \approx c_1 z + c_3 z^3 \tag{5-30}$$

其中,c_1 和 c_3 分别为 -1.0674×10^3 和 -9.2731×10^6。

由图5-25a可知,多项式拟合结果与理论结果吻合较好。图5-25b为线性结构的机电耦合系数,尽管也呈现非线性变化规律,但是在±5mm小范围内的变化较小,因此,可将其视为线性结构,并将 C_e 简化为一常数2.4。

5.4.3 基于非线性电磁分支电路阻尼的磁刚度非线性隔振模型

图5-23b中的隔振器模型和5.3.1节中的相同,其运动方程也可用式(5-14)和式(5-15)来描述。但是图5-24所示结构的机电耦合系数是非线性的。根据牛顿第二定律和基尔霍夫电压定律,并引入式(5-30),可得到磁刚度非线

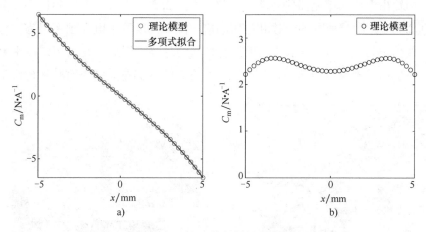

图 5-25　电磁耦合系数 C_e 的解析解和多项式拟合结果

a）非线性结构　b）线性结构

性隔振系统的运动方程为

$$m\ddot{z}+c\dot{z}+k_1z+k_3z^3+k_5z^5+(c_1z+c_3z^3)I=mz_0\omega^2\cos(\omega t)\tag{5-31}$$

$$I(R_e+R_s)+(L_e+L_s)\frac{\mathrm{d}I}{\mathrm{d}t}-(c_1z+c_3z^3)\dot{z}=0\tag{5-32}$$

式中，m、c、k_i（$i=1$，3，5）分别为被隔结构的质量、结构阻尼和非线性刚度系数；z_0 和 ω 为基础激励的幅值和角频率；z 为负载板和激励板之间的相对位移；I、R_e 和 L_e 分别为线圈的感应电流、等效电阻和等效电感；R_s、L_s 分别为等效负电阻和等效负电感。

由于图 5-24 给出线圈和电磁体（包括磁场）是一种特殊结构，在求解非线性隔振系统的幅频响应之前，需要分析线圈和永磁体之间特殊结构造成的位移和电流频率之间的映射关系。对于图 5-12b 中的线性分支电路，电流频率等于位移频率。但对于非线性分支电路，设计了试验系统验证电压与位移响应之间的频率关系，如图 5-26a 所示。首先将磁刚度非线性隔振器安装在激振器上，线圈接入数字示波器（TBS 2000）测试感应电动势，用激光位移计（IL-065）测试位移响应。

图 5-26b 为根据式（5-31）和式（5-32）计算得到位移和电压的时域信号，其中，激励频率和幅值分别为 8Hz 和 0.9mm。可以看出，位移频率为 8Hz 而电压频率为 16Hz，二者呈两倍关系。图 5-26c 为测试的 8Hz 激励频率和 0.85mm 激励幅值下的位移和电压响应，可以看出，位移的频率与激励频率相

同，但输出电压频率是激励频率的两倍。图 5-26d 为测试得到的 9Hz 激励频率和 0.25mm 激励幅值下的位移和电压响应，同样可以看出电压频率仍为位移频率的两倍，与图 5-26c 所示的结果具有相同的趋势。因此，在利用谐波平衡法时，不能简单地假设电压与位移的频率相等，需根据试验结果对其进行修正。

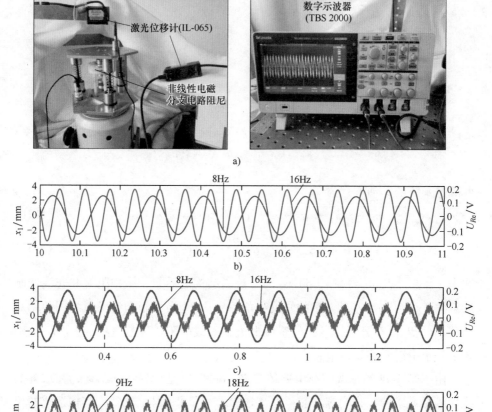

图 5-26　电压和位移之间的频率关系

a）试验设置　b）仿真的 8Hz 激励频率和 0.9mm 激励幅值下的位移和电压响应

c）测试得到的 8Hz 激励频率和 0.85mm 激励幅值下的位移和电压响应

d）测试得到的 9Hz 激励频率和 0.25mm 激励幅值下的位移和电压响应

根据以上试验和仿真分析所得的电压和位移响应的频率关系，基于谐波平

衡法求解非线性隔振系统的幅频响应关系。假设系统的稳态响应为

$$z = a(t)\cos(\omega t) + b(t)\sin(\omega t) \tag{5-33}$$

$$I = p(t)\cos(2\omega t) + q(t)\sin(2\omega t) \tag{5-34}$$

式中，$a(t)$、$b(t)$、$p(t)$、$q(t)$ 为关于 t 缓慢变化的系数。

将式（5-33）和式（5-34）代入式（5-32），忽略高阶谐波项 $\sin(4\omega t)$ 和 $\cos(4\omega t)$。则 $\sin(2\omega t)$ 和 $\cos(2\omega t)$ 的系数为

$$\left(\frac{1}{2}bc_1 + \frac{3}{4}a^2bc_3 + \frac{1}{4}b^3c_3\right)a' + \left(\frac{1}{2}ac_1 + \frac{1}{4}a^3c_3 + \frac{3}{4}ab^2c_3\right)b' - (L_e + L_s)p'$$

$$= \frac{1}{2}\omega c_1(-a^2 + b^2) + \frac{1}{4}\omega c_3(-a^4 + b^4) - 2q\omega(L_e + L_s) + p(R_e + R_s) \tag{5-35}$$

$$-\left(\frac{1}{2}ac_1 + \frac{1}{2}a^3c_3\right)a' + \left(\frac{1}{2}bc_1 + \frac{1}{2}b^3c_3\right)b' - (L_e + L_s)q'$$

$$= -ab\omega c_1 - \frac{1}{2}ab\omega c_3(a^2 + b^2) + 2p\omega(L_e + L_s) + q(R_e + R_s) \tag{5-36}$$

在稳态响应下，时间导数可以忽略不计。因此，式（5-35）和式（5-36）的左侧部分等于零[168]。求解式（5-35）和式（5-36），可得，

$$p = \left\{2\omega(L_e + L_s)ab\left(c_1 + \frac{1}{2}c_3r^2\right) - \frac{1}{2}(R_e + R_s)\left[c_1(-a^2 + b^2) + \frac{1}{2}c_3(-a^4 + b^4)\right]\right\}V \tag{5-37}$$

$$q = \left\{\omega(L_e + L_s)\left[c_1(-a^2 + b^2) + \frac{1}{2}c_3(-a^4 + b^4)\right] + (R_e + R_s)ab\left(c_1 + \frac{1}{2}c_3r^2\right)\right\}V \tag{5-38}$$

其中，$r = \sqrt{a^2 + b^2}$，$V = \dfrac{\omega}{[2\omega(L_e + L_s)]^2 + (R_e + R_s)^2}$。

将式（5-33）、式（5-34）、式（5-37）和式（5-38）代入式（5-31），整理 $\sin(\omega t)$ 和 $\cos(\omega t)$ 的常数项，忽略高阶谐波项，可得

$$-ca' + 2m\omega b' = a\begin{bmatrix} -m\omega^2 + k_1 + \frac{3}{4}k_3r^2 + \frac{5}{8}k_5r^4 + \\ V(L_e + L_s)\omega\left(\frac{1}{2}r^2c_1^2 + \frac{3}{4}r^4c_1c_3 + \frac{1}{4}r^6c_3^2\right) \end{bmatrix} -$$

$$b\left[c\omega + V(R_e + R_s)\left(\frac{1}{4}r^2c_1^2 + \frac{1}{4}r^4c_1c_3 + \frac{1}{16}r^6c_3^2\right)\right] + mx_0\omega^2 \tag{5-39}$$

$$-2m\omega a'-cb'=b\left[\begin{array}{l}-m\omega^2+k_1+\dfrac{3}{4}k_3r^2+\dfrac{5}{8}k_5r^4+\\[2mm]V(L_e+L_s)\omega\left(\dfrac{1}{2}r^2c_1^2+\dfrac{3}{4}r^4c_1c_3+\dfrac{1}{4}r^6c_3^2\right)\end{array}\right]+$$

$$a\left(c\omega+V(R_e+R_s)\left(\dfrac{1}{4}r^2c_1^2+\dfrac{1}{4}r^4c_1c_3+\dfrac{1}{16}r^6c_3^2\right)\right)-mx_0\omega^2 \qquad (5\text{-}40)$$

根据式（5-39）和式（5-40），假设 $a'=0$，$b'=0^{[168]}$，振幅 r 关于圆频率 ω 的稳态响应可表达为

$$r^2\left[\begin{array}{l}-m\omega^2+k_1+\dfrac{3}{4}k_3r^2+\dfrac{5}{8}k_5r^4+\\[2mm]V(L_e+L_s)\omega\left(\dfrac{1}{2}r^2c_1^2+\dfrac{3}{4}r^4c_1c_3+\dfrac{1}{4}r^6c_3^2\right)\end{array}\right]^2+$$

$$r^2\left[c\omega+V(R_e+R_s)\left(\dfrac{1}{4}r^2c_1^2+\dfrac{1}{4}r^4c_1c_3+\dfrac{1}{16}r^6c_3^2\right)\right]^2=(mx_0\omega^2)^2 \qquad (5\text{-}41)$$

位移的相位 α 为

$$\cos\alpha=\dfrac{r\left(-m\omega^2+k_1+\dfrac{3}{4}k_3r^2+\dfrac{5}{8}k_5r^4+V(L_e+L_s)\omega\left(\dfrac{1}{2}r^2c_1^2+\dfrac{3}{4}r^4c_1c_3+\dfrac{1}{4}r^6c_3^2\right)\right)}{mx_0\omega^2}$$

$$(5\text{-}42)$$

因此，由第5.3.4节的理论模型可知系统的传递率表达式可写为

$$T=\sqrt{1+\left(\dfrac{r}{x_0}\right)^2+2\left(\dfrac{r}{x_0}\right)\cos\alpha} \qquad (5\text{-}43)$$

5.4.4　等效质量及等效阻尼

针对第5.3.4节中所推演的线性阻尼，重写式（5-25），可得以下表达式

$$\left[-\omega^2(m-m_{L\text{-}EMSD})+k_1+\dfrac{3}{4}k_3r^2+\dfrac{5}{8}k_5r^4\right]^2+\left[\omega(c+c_{L\text{-}EMSD})\right]^2=\left(\dfrac{mz_0\omega^2}{r}\right)^2$$

$$(5\text{-}44)$$

式中

$$m_{L\text{-}EMSD}=\dfrac{C_e^2(L_e+L_s)}{(L_e+L_s)^2\omega^2+(R_e+R_s)^2} \qquad (5\text{-}45)$$

$$c_{L\text{-}EMSD}=\dfrac{C_e^2(R_e+R_s)}{(L_e+L_s)^2\omega^2+(R_e+R_s)^2} \qquad (5\text{-}46)$$

式（5-45）、式（5-46）分别定义为基于电磁分支电路阻尼的等效质量和等效阻尼系数，二者主要受电路总电感和电阻的影响。此外，二者也是关于圆频率 ω 的函数。当系统中的总电感较小时，等效质量近似为零，而等效阻尼可视为一常数。

采取同样的处理过程，将式（5-41）重写为

$$\left[-\omega^2(m-m_{N-EMSD})+k_1+\frac{3}{4}k_3r^2+\frac{5}{8}k_5r^4\right]^2+\left[\omega(c+c_{N-EMSD})\right]^2=\left(\frac{mx_0\omega^2}{r}\right)^2 \tag{5-47}$$

式中

$$m_{N-EMSD}=\frac{(L_e+L_s)\left(\frac{1}{2}r^2c_1^2+\frac{3}{4}r^4c_1c_3+\frac{1}{4}r^6c_3^2\right)}{\left[2\omega(L_e+L_s)\right]^2+(R_e+R_s)^2} \tag{5-48}$$

$$c_{N-EMSD}=\frac{(R_e+R_s)\left(\frac{1}{4}r^2c_1^2+\frac{1}{4}r^4c_1c_3+\frac{1}{16}r^6c_3^2\right)}{\left[2\omega(L_e+L_s)\right]^2+(R_e+R_s)^2} \tag{5-49}$$

同样，可将 m_{N-EMSD} 和 c_{N-EMSD} 定义为基于非线性电磁分支电路阻尼的等效质量和等效阻尼系数。可以看出二者均为关于相对位移 r 的函数，表明非线性电磁分支电路阻尼所引入的等效质量和等效阻尼均为非线性的，且大小与激励频率、总电阻和总电感相关。

5.4.5　非线性电磁分支电路阻尼的稳定性判别

根据非线性振动理论，雅可比矩阵可用于判断谐波平衡法所得近似解析解的稳定性[169]。式（5-35）、式（5-36）、式（5-39）和式（5-40）中的一阶导数项分别为

$$a'=-\frac{1}{c^2+(2m\omega)^2}(2m\omega B+cA) \tag{5-50}$$

$$b'=\frac{1}{c^2+(2m\omega)^2}(2m\omega A-cB) \tag{5-51}$$

$$p'=\frac{1}{L_e+L_s}\left[\left(\frac{1}{2}bc_1+\frac{3}{4}a^2bc_3+\frac{1}{4}b^3c_3\right)a'+\left(\frac{1}{2}ac_1+\frac{1}{4}a^3c_3+\frac{3}{4}ab^2c_3\right)b'-\right.$$
$$\left.\left(-\frac{1}{2}\omega a^2c_1+\frac{1}{2}\omega b^2c_1-\frac{1}{4}\omega a^4c_3+\frac{1}{4}\omega b^4c_3-2\omega q(L_e+L_s)+p(R_e+R_s)\right)\right] \tag{5-52}$$

$$q' = \frac{1}{L_e + L_s} \left[-\left(\frac{1}{2}ac_1 + \frac{1}{2}a^3 c_3 \right) a' + \left(\frac{1}{2}bc_1 + \frac{1}{2}b^3 c_3 \right) b' - \right.$$

$$\left. \left(-\omega abc_1 - \frac{1}{2}\omega a^3 bc_3 - \frac{1}{2}\omega ab^3 c_3 + 2\omega p(L_e + L_s) + q(R_e + R_s) \right) \right]$$ (5-53)

式中

$$A = -m\omega^2 a - c\omega b + \frac{1}{2}bpc_1 - \frac{1}{2}aqc_1 + \frac{3}{4}a^2 bpc_3 + \frac{1}{4}b^3 pc_3 - \frac{1}{2}a^3 qc_3 +$$

$$ak_1 + \frac{3}{4}a^3 k_3 + \frac{3}{4}ab^2 k_3 + \frac{5}{8}a^5 k_5 + \frac{5}{4}a^3 b^2 k_5 + \frac{5}{8}ab^4 k_5$$

$$B = c\omega a - m\omega^2 b + \frac{1}{2}apc_1 + \frac{1}{2}bqc_1 + \frac{1}{4}a^3 pc_3 + \frac{3}{4}ab^2 pc_3 + \frac{1}{2}b^3 qc_3 +$$

$$bk_1 + \frac{3}{4}a^2 bk_3 + \frac{3}{4}b^3 k_3 + \frac{5}{8}a^4 bk_5 + \frac{5}{4}a^2 b^3 k_5 + \frac{5}{8}b^5 k_5 - m\omega^2 x_0$$

则基于非线性电磁分支电路阻尼的磁刚度非线性隔振系统的雅可比矩阵可写为

$$\boldsymbol{J} = \begin{bmatrix} \dfrac{\partial \dot{a}}{\partial a} & \dfrac{\partial \dot{a}}{\partial b} & \dfrac{\partial \dot{a}}{\partial p} & \dfrac{\partial \dot{a}}{\partial q} \\[2mm] \dfrac{\partial \dot{b}}{\partial a} & \dfrac{\partial \dot{b}}{\partial b} & \dfrac{\partial \dot{b}}{\partial p} & \dfrac{\partial \dot{b}}{\partial q} \\[2mm] \dfrac{\partial \dot{p}}{\partial a} & \dfrac{\partial \dot{p}}{\partial b} & \dfrac{\partial \dot{p}}{\partial p} & \dfrac{\partial \dot{p}}{\partial q} \\[2mm] \dfrac{\partial \dot{q}}{\partial a} & \dfrac{\partial \dot{q}}{\partial b} & \dfrac{\partial \dot{q}}{\partial p} & \dfrac{\partial \dot{q}}{\partial q} \end{bmatrix}$$ (5-54)

只有当雅可比矩阵的所有特征值的实部均为负时，式（5-43）的解才稳定。

5.4.6 数值仿真

本节主要对磁刚度非线性隔振系统的非线性阻尼及其对隔振频带和性能的调控特性进行参数的数值仿真。利用与第 5.3.3 节同样的方法计算了多个永磁体之间的磁力，并用式（5-12）对磁力和弹簧耦合的恢复力进行了拟合。非线性恢复力和拟合结果本节将不再赘述，拟合而来的非线性刚度系数列于表 5-5 中。下文仿真所用其余参数列于表 5-6 中。其中，线性弹簧的阻尼系数由试验数据利用半功率法计算得到。

表 5-5　非线性恢复力的非线性刚度系数

参数	$k_1/\text{N}\cdot\text{m}^{-1}$	$k_3/\text{N}\cdot\text{m}^{-3}$	$k_5/\text{N}\cdot\text{m}^{-5}$
$D=29\text{mm}$, $H=13\text{mm}$	721	8.65×10^6	1.117×10^{11}
$D=28.5\text{mm}$, $H=13\text{mm}$	619	8.03×10^6	1.456×10^{11}
$D=28\text{mm}$, $H=13\text{mm}$	511	7.197×10^6	1.846×10^{11}

表 5-6　半主动非线性阻尼和线性阻尼的仿真参数

参数	非线性阻尼	线性阻尼
质量（m）/kg	0.628	0.628
阻尼比（ζ）	0.0415	0.0415
弹簧刚度（k）/N·m^{-1}	2324	2324
L_{fM}/mm	34	34
L_{ff}/mm	18	18
L_{cc}/mm	8	—
L_{c}/mm	5	8
电阻（R_{e}）/Ω	24.9	16.3
电感（L_{e}）/mH	2.01	0.603
线圈匝数	350/350	110

图 5-27a 为基于非线性和线性电磁分支电路阻尼的磁刚度非线性隔振系统传递率，其中，$D=28.5\text{mm}$，$H=13\text{mm}$，$x_0=0.625\text{mm}$。为了确保系统在两种情况下具有相同的传递率，线性阻尼取 $R_{\text{s}}=-14\Omega$，非线性阻尼取 $R_{\text{s}}=-24.4\Omega$。当移除三个径向分布的永磁体 PM^{b} 后，隔振系统成为线性的。由试验测试而来的最大传递率和固有频率分别为 12.1 和 9.7Hz。当安装三个永磁体 PM^{b} 且线圈断开时，系统为被动式非线性系统，此时，最大传递率及相应的跳跃频率降低到 6.98 和 5.51Hz，表明磁刚度结构可以显著提升隔振系统的性能。然而，非线性的引入使得系统发生了跳跃现象，在随激励和参数变化时，这种不稳定的动力学行为会影响隔振性能，并不利于工程应用。为此通过将线性电磁分支电路引入，非线性隔振系统的跳跃现象逐渐消失，对应的峰值传递率和频率也逐步降低，提升了非线性隔振系统的隔振品质。此外，线性系统的

隔振性能在共振区内变好而在隔振区内变差。但引入非线性电磁分支电路阻尼后，可以看出，低频共振内的隔振性能与线性阻尼几乎相同，但在高频隔振区，非线性阻尼的隔振性能优于线性阻尼。此外，两种半主动系统的等效阻尼系数如图 5-27b、c 所示，可以看出，线性电磁分支电路阻尼无论是在共振区（$f_1 = 5\text{Hz}$）还是隔振区（$f_2 = 15\text{Hz}$），所产生的阻尼均为常值，而非线性电磁分支电路阻尼所产生的阻尼系数为相对位移 r 的函数，在 r 较小时提供较小的阻尼，r 较大时可产生较为可观的阻尼。因此，在隔振区（$f_2 = 15\text{Hz}$）内，非线性阻尼系数远小于半主动线性阻尼系数，其隔振性能得到了较大的提升。总的来说，图 5-27 可以说明非线性电磁分支电路阻尼可产生非线性阻尼，在抑制共振区低频振动的同时，几乎不影响高频隔振区的隔振效果，具有较好的工程应用前景。

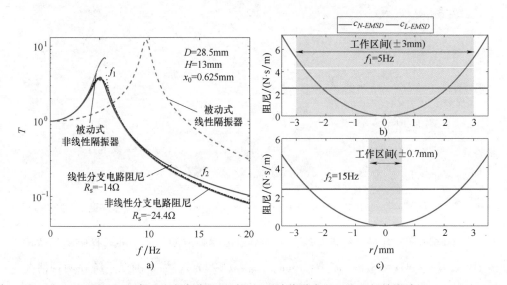

图 5-27　电磁分支电路阻尼对隔振系统传递率和工作区间的影响

a) 基于非线性和线性电磁分支电路阻尼的磁刚度非线性隔振系统传递率

b) $f_1 = 5\text{Hz}$　c) $f_2 = 15\text{Hz}$ 时的等效阻尼系数

图 5-28 为负电阻 R_s 对半主动非线性阻尼系统传递率的影响，其中，$D = 28.5\text{mm}$，$H = 13\text{mm}$，$x_0 = 0.85\text{mm}$。从图中可以看出，被动式磁刚度非线性隔振系统的传递率，且存在较强的突跳行为，且系统的不稳定区域用"＊"标记。引入非线性电磁分支电路阻尼时，系统的隔振性能随着负电阻 R_s 的增大而得到了较大的提升。当 $R_s = -23.9\Omega$ 时，峰值传递率和相应的频率显著下降，且跳跃现象和不稳定区域完全消失。此外，随着 R_s 的增加，共振区内的

峰值传递率减小，但隔振区内的传递率几乎不变，表明半主动非线性电磁分支电路阻尼可提供的非线性阻尼，有利于低高频隔振。图 5-28b 为当 R_s 为 -23.9Ω 时对应的等效阻尼系数，当相对位移 r 为 0 时，等效阻尼系数 $c_{N\text{-}EMSD}$ 为零。随着 r 的增加，等效阻尼系数逐渐增加，表明其非线性特性。此外，等效阻尼系数在峰值频率处较大，表明非线性阻尼系统可以在共振区内提供较大的阻尼。而在高频隔振区，其值迅速降低，表明系统在隔振区内提供较小的阻尼。

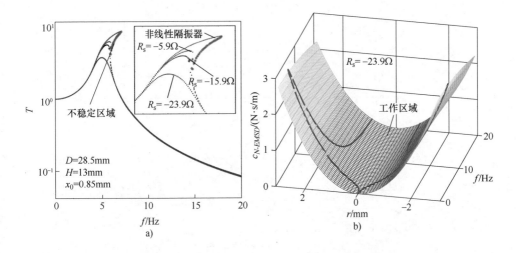

图 5-28　负电阻 R_s 对半主动非线性阻尼系统传递率的影响

a）负电阻 R_s 对磁刚度非线性隔振系统传递率的影响　b）R_s 为 -23.9Ω 时的非线性阻尼系数

图 5-29 为分支电路总电阻 R_e+R_s 对磁刚度非线性隔振系统传递率及峰值频率的影响规律，其中，$D=28.5\text{mm}$，$H=13\text{mm}$，$x_0=0.85\text{mm}$。"$T_{\max}$" 表示最大传递率。由图 5-29a 可以看出，当 R_e+R_s 为 0.17Ω 时，最大传递率降低到 2.9428。当总电阻大于 0.17Ω 时，最大传递率逐渐增大，电磁分支电路的阻尼效应逐渐减小。当总电阻值小于最优值时，隔振性能迅速下降。因此，为了保证隔振性能的稳定性，总电阻值应大于最优电阻值。由图 5-29b 可以看出，最小频率对应的总电阻为 0.38Ω，此时最大传递率为 4.934，这与最小传递率所需的总电阻并不相等。因此，需要根据工程设计的需要，对系统的负电阻值进行优化。

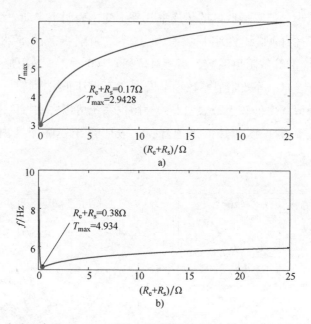

图 5-29　分支电路总电阻 R_e+R_s 对磁刚度非线性隔振系统传递率及峰值频率的影响规律

a）传递率的影响规律　b）峰值频率的影响规律

5.4.7　试验研究

　　本节主要开展基于非线性电磁分支电路阻尼的磁刚度非线性隔振系统隔振试验，试验设计与试验过程与第 5.3.6 节相同，在此不再赘述。唯一不同的是，非线性电磁分支电路阻尼需要采用图 5-24 所示的电磁结构。

　　图 5-30 为基于非线性和线性电磁分支电路阻尼的磁刚度非线性隔振系统试验传递率曲线。可以看出，当 $D=28.5$mm，$H=13$mm，$x_0=0.625$mm 时，被动式线性系统的最大传递率和固有频率和分别为 12.1 和 9.7Hz。当引入磁刚度结构时，由于高静低动刚度特性的影响[5,23,133]，被动式磁刚度非线性隔振系统的隔振性能得到了较大的提升，如图 5-30a、b 所示。若在此基础上分别将非线性电磁分支电路阻尼和线性电磁分支电路阻尼接入，相应的最大传递率和频率分别降低到 2.76、4.6Hz 和 2.52、5.15Hz，可以看出，二者在低频共振区内的振动控制效果相当，但在高频隔振区内，线性阻尼系统的效果变差（图 5-30b），而非线性阻尼系统几乎没有变化（图 5-30a），该试验结果验证了非线性电磁分支电路阻尼结构设计的合理性及其理论模型的正确性。

　　此外，通过改变永磁结构的几何参数来验证非线性阻尼系统的宽频隔振优

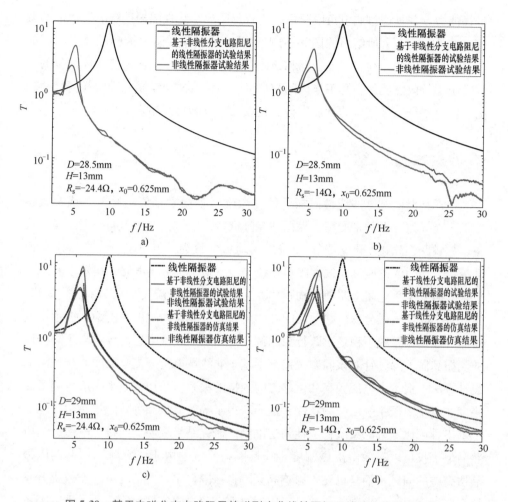

图 5-30　基于电磁分支电路阻尼的磁刚度非线性隔振系统试验传递率曲线

a）非线性阻尼　b）线性电磁分支电路阻尼　c）非线性阻尼　d）线性电磁分支电路阻尼

势，将结构参数设为 $D = 29$mm，$H = 13$mm，$x_0 = 0.625$mm。试验结果如图 5-30c、d 所示，可以看出，非线性电磁分支电路阻尼可将磁刚度非线性隔振系统的最大传递率和频率分别降低至 4.40 和 5.63Hz。与被动式非线性隔振相比，非线性阻尼系统在隔振区内的性能几乎没有变化，而线性电磁分支电路阻尼系统却使其性能在隔振区内变差，图 5-27a 仿真结果也表现出相同的趋势，这些仿真和试验结果也验证了非线性阻尼在隔振系统中的优势。

综上所述，本节试验验证了非线性电磁分支电路的非线性阻尼特性，即在不影响高频隔振区隔振性能的情况下，能够有效提升系统在超低频共振区内的抑振能力，并且通过调节负电阻可以实现磁刚度非线性隔振系统隔振性能的调控。此外，本专著所给出的图 5-24 所示设计的非线性阻尼依赖磁体和线圈的相对位置，因此，须要保证线圈和磁体安装时的精度，这样才能发挥最佳的非线性阻尼效应。此外，其工作区间与环形永磁体及两个线圈的轴向几何尺寸相关，需要根据工程结构的特点进行优化设计，以满足使用要求。

5.5 本章小结

本章针对磁刚度非线性隔振系统在激励（如激励幅值、噪声）或参数诱发下可能导致隔振频带变窄、隔振性能降低、稳定性变差等影响隔振品质的现象，如跳跃、软化、硬化或软-硬兼具的动力学行为，将电磁分支电路阻尼振动控制方法引入磁刚度非线性隔振系统。设计负阻抗分支电路，揭示了其阻尼机理，研究了负电阻电路随激励频率变化时的电压-电流关系及功率变化规律。建立基于线性电磁分支电路阻尼的磁刚度非线性隔振系统理论模型，揭示了其对非线性隔振系统不稳定跳跃行为的调控规律，但线性阻尼可导致高频隔振区的隔振品质下降。针对该问题，提出了基于非线性电磁分支电路的非线性阻尼设计方法，揭示了电压频率和位移之间独特的关系，采用谐波平衡法得到了磁刚度非线性隔振系统的幅频特性，推导获得了等效质量和等效阻尼系数，建立了基于雅可比矩阵的系统稳定性判定准则。研究结果表明，非线性电磁分支电路阻尼不仅可以有效解决磁刚度非线性隔振系统的由于"突跳"引起的隔振品质变差的问题，而且可在不影响高频隔振区隔振水平的情况下，有效提升系统在共振区内的抑振效果，并且可以通过调节负电阻实现磁刚度非线性隔振系统隔振性能的调控。

第6章

磁刚度非线性隔振系统的动力学特性

6.1 引言

第 3 章~第 5 章主要介绍了磁刚度非线性隔振系统的低频隔振机理、隔振频带的质量调控及阻尼设计与调控方法。围绕图 3-5 的磁刚度结构，通过杠杆和阻尼设计手段提升隔振系统隔振性能。由于磁结构具有较强的可设计性，调节磁体间的吸力与斥力特性可以调节非线性恢复力特征，例如，通过优化设计 Moon 梁末端的磁体数量、极性与相对位置，可以实现单稳态[170]、双稳态[171]、三稳态[172]以及多稳态[173]特性，从而改变非线性结构的动力学行为。当出现双稳态或者更多稳态时，在一定的激励下，系统会出现复杂的非线性动力学行为，如跳跃现象、多倍周期振动、混沌振动等，这些现象并不利于振动隔离[5]。

图 3-5 所示的结构是一种由多个永磁体构成的磁结构，当改变永磁体之间磁性与相对位置时，恢复力随之改变，可由单稳态演变为双稳态，甚至多稳态。此时，磁刚度非线性系统的动力学特性与第 3 章所述的情况完全不一样，可能会发生较大变化。因此，为了揭示磁刚度非线性隔振系统由于磁体间的极性和相对位置变化引起的隔振特性，本章主要研究磁刚度非线性隔振系统的动力学特性及对隔振性能的演化规律。首先，建立了"双状态"磁刚度非线性隔振结构的动力学模型。其次，研究了单稳态磁刚度非线性隔振系统动力学行为。最后，研究了双稳态磁刚度隔振系统的动力学行为，为双稳态隔振理论的建立及其动力学行为的调控奠定了坚实基础。

6.2 "双状态"磁刚度非线性隔振器模型

6.2.1 "双状态"磁刚度非线性隔振器设计

图 3-5 所示磁结构的径向磁体均匀分布而轴向并不对称，导致磁力呈现不对称性。针对该问题，在保留径向分布的环形永磁体基础上，将轴向的永磁体对称化处理。图 6-1 为优化的轴向对称"双状态"磁刚度非线性隔振器。可以看出，该结构与图 3-5 所示的磁刚度非线性隔振结构在外形上基本一致。不同之处在于图 3-5 中的永磁体 PM_1^f、PM_2^f 和 PM^M 关于固定永磁体 PM^b 非对称分布，而在图 6-1 中，两个永磁体 PM_1^M 和 PM_2^M 关于固定永磁体 PM^b 对称分布。图 6-2 为环形永磁体构型及其磁化方向，其中，磁体 PM_1^M 和 PM_2^M 之间的距离

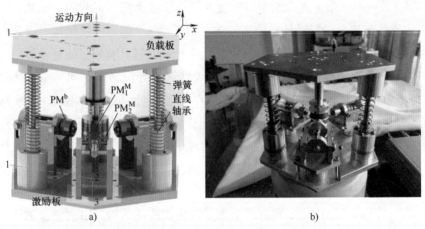

图 6-1 "双状态"磁刚度非线性隔振器

a) 3D 模型 b) 原理样机

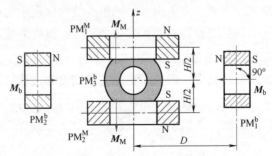

图 6-2 永磁体沿 1-2-3 截面（图 6-1）分布方式及磁化方向

为 H，PM_2^M 和 PM_1^b 之间的水平距离为 D，PM^M 和 PM^b 的轴线互相垂直，磁体的磁化方向如图 6-2 所示。磁体的几何尺寸及剩磁强度见表 6-1。

表 6-1　环形永磁体几何参数及剩磁强度

永磁体类型	内半径/mm	外半径/mm	高度/mm	剩磁强度/T
PM^M	3	12.25	8	1.18
PM^b	2	7.5	10	1.25

6.2.2　"双状态"特性分析

首先对图 6-1 所示磁刚度非线性隔振器的恢复力进行分析，以揭示非线性特征。可以继续采用式（2-21）和式（3-8）对恢复力进行分析，以揭示系统平衡位置演化规律及非线性刚度。

图 6-3 为当 H 为 13mm 时，非线性恢复力随 D 的变化规律，其中，非线性恢复力由弹性恢复力和永磁体沿 z 方向上的非线性磁力构成，弹性恢复力与第 3 章中的相同。恢复力的斜率即为系统的等效非线性刚度。当 D 为 32.1mm 时，非线性恢复力在静平衡点附近的斜率近似为 0，表明磁刚度非线性隔振结构在该区域的等效刚度接近于 0，为准零刚度隔振器。可以看出，当 D 为 34.6mm、33.1mm 和 32.1mm 时，磁刚度非线性隔振结构只有一个静平衡点 $z=0$，此时系统为"单稳态"系统。然而，当 D 减小到 29.1mm 时，磁刚度非

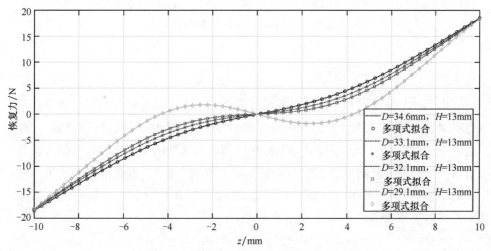

图 6-3　非线性恢复力随 D 的变化规律

线性隔振器出现了三个零点，表明系统有三个平衡位置，其中，两个静平衡点（$z_{1,2} = \pm 4.2$mm）为稳定的平衡位置，另外一个为不稳定的平衡位置，这便是"双稳态"系统。因此，通过改变永磁体的几何位置，可实现"单稳态"向"双稳态"的切换，形成了"双状态"磁刚度非线性隔振器。

永磁体之间的水平距离对隔振效果也会产生影响，图6-4为当 $D = 32.1$mm 时，非线性恢复力随 H 的变化规律。在静平衡位置附近，系统的非线性刚度变化缓慢。非线性恢复力的斜率（即刚度）随着垂直距离 H 增加而增加，也就是说，适当增大 H 有利于提升隔振性能。此外，图中四种情况均只有一个静平衡点，表明系统处于单稳态状态。

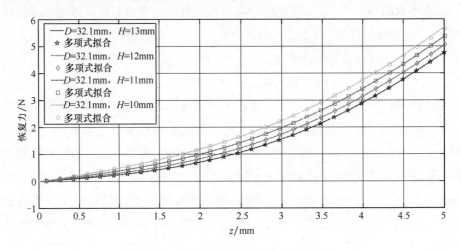

图6-4 非线性恢复力随 H 的变化规律

6.2.3 非线性恢复力分析

由上一节分析可知，磁刚度非线性隔振系统不在同几何参数下具备了单稳态和双稳态两种特征，尤其双稳态系统处于阱间振动时，位移响应较大。此时，第3章所用的立方多项式并不能精确拟合非线性磁力，所引起的拟合误差会极大影响系统的动力学响应（见第6.4.1节）。因此，本章采用九次方多项式对磁力进行拟合。图6-3所示的永磁体 PM^M 和 PM^b 之间的非线性磁力恢复力可近似表示为

$$F_{Mb} = k_{12}z + k_3 z^3 + k_5 z^5 + k_7 z^7 + k_9 z^9 \tag{6-1}$$

其中，k_{12} 为线性刚度系数，k_3、k_5、k_7 和 k_9 均为非线性刚度系数。

三根螺旋弹簧的线性恢复力可表示为

$$F_s = k_{11}z \tag{6-2}$$

其中，k_{11} 为弹簧的线性刚度。

因此，图 6-3 和图 6-4 所示的总非线性恢复力 F_T 可表示为

$$F_T = F_{Mb} + F_s = k_1 z + k_3 z^3 + k_5 z^5 + k_7 z^7 + k_9 z^9 \tag{6-3}$$

其中，$k_1 = k_{11} + k_{12}$ 为"双状态"磁刚度隔振结构的等效线性刚度。

图 6-3 和图 6-4 中的"○""☆"等标记为拟合的结果，可以看出，高阶的多项式具有极佳的拟合效果，可在大幅范围内保证一定的精度。所拟合的刚度系数列于表 6-2 中，用于本章剩余部分的数值仿真。

以引入势能函数 U 确定"双状态"非线性隔振结构随 D 和 H 变化所处的平衡状态，对式（6-3）中的 z 积分可得

$$U = \int F_T dz = \frac{1}{2}k_1 z^2 + \frac{1}{4}k_3 z^4 + \frac{1}{6}k_5 z^6 + \frac{1}{8}k_7 z^8 + \frac{1}{10}k_9 z^{10} \tag{6-4}$$

表 6-2　非线性刚度随 D 和 H 的变化规律

参数		系数				
D/mm	H/mm	k_1	k_3	k_5	k_7	k_9
34.6	13	851.5	2.173×10^7	-1.925×10^{11}	9.837×10^{14}	-2.325×10^{18}
33.1	13	503.2	3.027×10^7	-2.834×10^{11}	1.503×10^{15}	-3.631×10^{18}
32.1	13	205.5	3.797×10^7	-3.688×10^{11}	2.010×10^{15}	-4.945×10^{18}
29.1	13	-1176	7.718×10^7	-8.358×10^{11}	4.908×10^{15}	-1.266×10^{19}
32.1	13	205.5	3.797×10^7	-3.688×10^{11}	2.010×10^{15}	-4.945×10^{18}
32.1	12	274.9	3.800×10^7	-3.972×10^{11}	2.224×10^{15}	1.470×10^{18}
32.1	11	361.4	3.683×10^7	-3.677×10^{11}	8.914×10^{14}	2.367×10^{19}
32.1	10	461.2	3.536×10^7	-3.581×10^{11}	9.738×10^{14}	-1.800×10^{19}

6.3　理论建模

第 3 章已经介绍了基于谐波平衡法可以获得 Duffing 方程幅频响应关系的近似解析解，为了提高计算的准确性，本节计算了非线性力为九次方式拟合情况下的系统响应。将图 6-1 所示的"双状态"磁刚度非线性隔振器简化，如图 6-5 所示。Z_b，ω，t 和 θ 分别为位移幅值、圆频率、时间和激励的相位，当

受到的基础激励为 $z_b = Z_b\cos(\omega t + \theta)$ 时，"双状态"磁刚度非线性隔振器的运动方程可写为

$$m\ddot{z} + c\dot{z} + k_1 z + k_3 z^3 + k_5 z^5 + k_7 z^7 + k_9 z^9 = -m\ddot{z}_b \qquad (6\text{-}5)$$

其中，z 为负载面和基平面的相对位移。

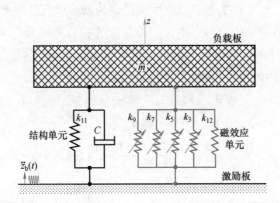

图 6-5 "双状态"磁刚度非线性隔振器的理论模型

式（6-5）可通过数值积分法直接计算响应，如 Newmark 法、Welson-β 法、精细积分法或四阶龙格库塔法。

"双状态"磁刚度非线性隔振结构的幅频响应关系可以利用谐波平衡法求近似一阶解析解。当系统进入稳态运动时，假设式（6-5）的解为

$$z = Z_r\cos\omega t \qquad (6\text{-}6)$$

将式（6-6）代入式（6-5），考虑降阶公式 $\cos^3\omega t = \dfrac{3}{4}\cos\omega t + \dfrac{1}{4}\cos3\omega t$ 和

$\cos^5\omega t = \dfrac{5}{8}\cos\omega t + \dfrac{5}{16}\cos3\omega t + \dfrac{1}{16}\cos5\omega t$，并忽略高阶谐波项，则一阶谐波项 $\sin\omega t$

和 $\cos\omega t$ 的系数分别为

$$-mZ_r\omega^2 + K_{Z_r} = mZ_b\omega^2\cos\theta \qquad (6\text{-}7)$$

$$-cZ_r\omega = -mZ_b\omega^2\sin\theta \qquad (6\text{-}8)$$

其中，

$$K_{Z_r} = k_1 Z_r + \frac{3}{4}k_3 Z_r^3 + \frac{5}{8}k_5 Z_r^5 + \frac{35}{64}k_7 Z_r^7 + \frac{63}{128}k_9 Z_r^9 \qquad (6\text{-}9)$$

将式（6-7）和式（6-8）等号两边平方之后相加，可得 Z_b 与 Z_r 的关系

$$(-mZ_r\omega^2 + K_{Z_r})^2 + (cZ_r\omega)^2 = (mZ_b\omega^2)^2 \qquad (6\text{-}10)$$

根据式（6-10）可得隔振系统的圆频率

$$\omega^2 = \frac{-b \pm \sqrt{b^2 - 4ac}}{2a} \tag{6-11}$$

其中，

$$a = m^2(Z_r^2 - Z_b^2)$$
$$b = c^2 Z_r^2 - 2mZ_r K_{Z_r}$$
$$c = K_{Z_r^2} \tag{6-12}$$

负载面的绝对位移为

$$z_1 = z + z_b = (Z_r + Z_b \cos\theta)\cos\omega t - Z_b \sin\theta \sin\omega t \tag{6-13}$$

因此，"双状态"磁刚度非线性隔振结构的传递率可表示为

$$T = \sqrt{1 + \frac{Z_r^2}{Z_b^2} + 2\frac{Z_r}{Z_b}\cos\theta} \tag{6-14}$$

6.4　单稳态磁刚度非线性隔振器的动力学特性

6.4.1　数值仿真

本节主要对单稳态磁刚度非线性隔振器在不同参数下的隔振性能进行分析，以揭示其低频隔振机理。隔振结构质量为 0.53kg，线性弹簧的总刚度为 2157N·m^{-1}，阻尼比为 0.0405，其余仿真所需的参数如表 6-2 所示。

图 6-6 为当 $z_b = 0.5$mm 时，单稳态磁刚度非线性隔振器传递率随 D 的变化规律。其中，所用的非线性磁力如图 6-3 所示。可以看出，通过引入图 6-2 所示的磁结构，磁刚度非线性隔振器的传递率减小，且均向右弯曲，说明了该单稳态磁刚度非线性隔振器可产生磁负刚度和硬弹簧效应。此外，最大传递率和跳跃频率随 D 的减小而减小，表明了磁结构产生的等效磁负刚度增大，抵消了弹簧的线性刚度，使得系统处于准零刚度隔振状态。图 6-7 为当 $z_b = 0.5$mm 时，单稳态磁刚度非线性隔振器传递率随 H 的变化规律，所用到的非线性磁力如图 6-4 所示。可以看出，随着 H 的减小，系统的最大传递率和跳跃频率减小，呈现出与图 6-6 相似的趋势。图 6-6 和图 6-7 均表明通过调节磁体间的几何位置，可以拓宽隔振带宽并提升隔振性能。因此，可在一定范围内通过改变 D 和 H 来调节隔振系统的非线性特性，以获得较好的隔振性能。

在工程中，有大量的随机激励存在。因此，有必要研究单稳态磁刚度非线

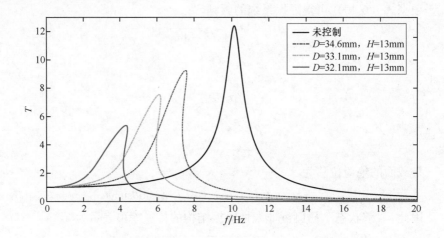

图 6-6　单稳态磁刚度非线性隔振器传递率随 D 的变化规律

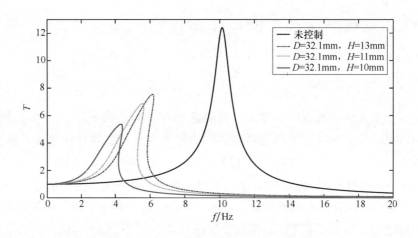

图 6-7　单稳态磁刚度非线性隔振器传递率随 H 的变化规律

性隔振结构在随机激励下的隔振性能。图 6-8 为在随机激励条件下传递率随 D 的变化曲线。其中，随机激励的带宽为 $0.5 \sim 20\text{Hz}$。可以看出，随着 D 的减小，单稳态磁刚度非线性隔振器的隔振性能逐渐提高，类似于图 6-6 中的结果，表明了系统在随机激励下依然有较好的隔振效果。

　　一般而言，非线性系统在外激励幅值变化时会产生复杂的动力学行为，如跳跃现象。因此，有必要研究其在激励幅值变化时系统的动力学行为。图 6-9 为单稳态磁刚度非线性隔振器的位移分叉图，其中，$f = 6.5\text{Hz}$、$D = 32.1\text{mm}$、

$H=13\mathrm{mm}$。可以看出，随着激励位移 Z_b 的增加，相对位移在 $0\sim1.2\mathrm{mm}$ 时减小，在 $1.2\sim9\mathrm{mm}$ 时逐渐增大。尽管如此，单稳态隔振系统的运动形态为周期性运动，鲁棒性较好，且随着激励幅值的增大，位移响应并没有出现大幅增长。

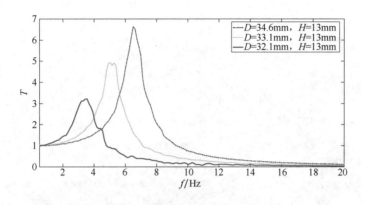

图 6-8　随机激励条件下单稳态磁刚度非线性隔振器传递率随 D 的变化规律

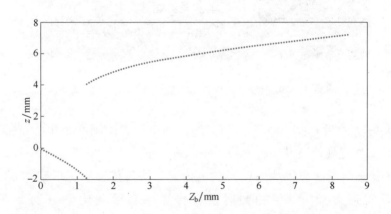

图 6-9　单稳态磁刚度非线性隔振器的位移分叉图

6.4.2　试验研究

本节试验验证了单稳态磁刚度非线性隔振器的隔振性能与动力学特性。图 6-10 为"双状态"磁刚度非线性隔振器的试验测试装置，无论是"单稳态"还是"双稳态"，隔振系统的试验过程相同，即试验系统类似于第 3 章～第 5 章中的试验："双状态"磁刚度非线性隔振器安装在激振器上，其中一个加速度传感器安装在负载面上用于测量输出加速度响应，另外一个加速度传感器安装在激励板用于测量输入加速度信号，该信号也作为闭环系统中的反馈信号对激振器进行精确控制。通过测得的两种加速度信号，可得到隔振器的加速度传递率。试验中的基础激励幅值为 $0.2g$，扫频范围 $2\sim52\text{Hz}$，扫频速率 1Hz/s。

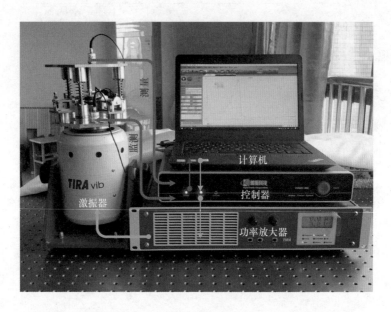

图 6-10 "双状态"磁刚度非线性隔振器的试验测试装置

图 6-11 为当 $H=13\text{mm}$ 时，试验所得的单稳态磁刚度非线性隔振器传递率随 D 的变化规律，其中，实线为正扫频，虚线为倒扫频。当 D 为 34.6mm 时，单稳态磁刚度非线性隔振器在正扫频下峰值传递率降低到 9.88，跳跃频率降低到 7.72Hz。倒扫频时最大传递率和跳跃频率分别为 6.26 和 6.15Hz。当 D 为 33.1mm 时，单稳态磁刚度非线性隔振器正扫频时的最大传递率降低到 5.04，跳跃频率为 6.42Hz。倒扫频时，最大传递率和跳跃频率分别为 4.53 和 5.50Hz。当 D 为 32.1mm 时，单稳态磁刚度非线性隔振器正扫频时的峰值传递率降低到 1.30，此时的跳跃频率为 4.62Hz。倒扫频时最大传递率和跳跃频率分别为 1.19 和 3.38Hz。与线性隔振相比，正扫频时的峰值传递率下降了 89%，跳跃频率降低了 56%；倒扫频时最大传递率降低了 90%，跳跃频率降低了 67%，表明单稳态磁刚度非线性隔振器可以有效提升系统隔振性能，拓宽隔振带宽。此外，正扫频时的峰值频率和传递率

均大于倒扫频，说明了单稳态磁刚度非线性隔振器具有非线性硬弹簧特性。

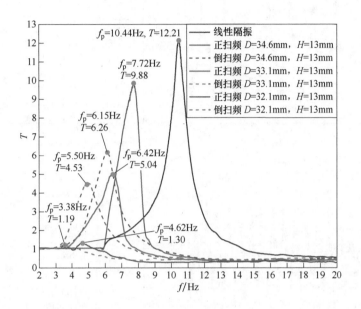

图 6-11　试验传递率随 D 的变化规律

为了验证单稳态磁刚度非线性隔振器在不同激励频率和幅值下的复杂动力学行为，本节对加速度响应的频谱特征进行了分析。图 6-12 为测试所得的单稳态磁刚度非线性隔振结构在不同激励频率下的加速度响应及其频谱图，其中，$D=34.6\text{mm}$、$H=13\text{mm}$ 及 $Z_b=1\text{mm}$。从图 6-12a、c 和 e 可知，单稳态磁刚度非线性隔振器处于周期性振动。从傅里叶频谱图可知，激励频率为 3.5Hz 时（图 6-12b），单稳态隔振结构的加速度响应包含 2 倍（7.05Hz）、3 倍（10.56Hz）及 4 倍（14.08Hz）超谐波响应。当激励频率增加到 7Hz 时（图 6-12d），单稳态磁刚度非线性隔振器的动力学特性发生了改变，加速度响应包含 1/2 倍（3.53Hz）亚谐波项和 3/2 倍（10.5Hz）、2 倍（14.06Hz）、5/2 倍（17.60Hz）及 3 倍（21.11Hz）的超谐波响应。当频率增加到 10Hz 时（图 6-12f），亚谐波响应消失，但 2 倍（19.93Hz）和 5/2 倍（25.03Hz）的超谐波响应仍然存在。尽管如此，可以看出，单稳态磁刚度非线性隔振器在简谐激励下为周期性振动，具有较好的稳定性。

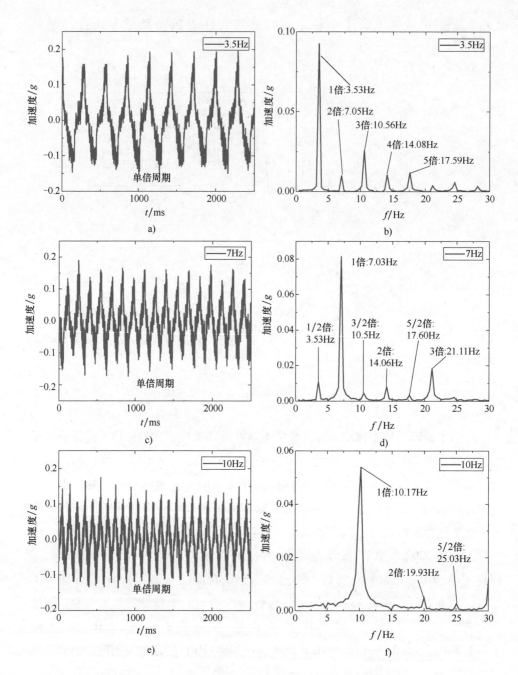

图 6-12　单稳态磁刚度非线性隔振器的加速度响应及频谱

a) 3.5Hz 下的加速度响应　b) 3.5Hz 下的频谱　c) 7Hz 下的加速度响应

d) 7Hz 下的频谱　e) 10Hz 下的加速度响应　f) 10Hz 下的频谱

6.5　双稳态磁刚度非线性隔振器的动力学特性

6.5.1　数值仿真

由于双稳态系统阱间振动时位移响应较大，因此，本节着重分析双稳态磁刚度隔振结构的动力学行为。仿真时，隔振结构质量 $m = 0.53\text{kg}$，三根线性弹簧的总刚度 $k = 2157\text{N} \cdot \text{m}^{-1}$，阻尼比 $\zeta = 0.0405$。磁体之间相对位置参数 D 为 29.1mm，H 为 13mm。此时，根据图 6-3，系统有两个稳定的平衡位置，其余参数可从表 6-2 获取。系统加速度响应可采用式（6-5）进行仿真分析。

在分析系统的动力学行为之前，首先回答第 6.2.3 节所提出的问题，即采用九阶多项式对非线性磁力拟合时的精度。图 6-13a 为九阶多项式拟合与三阶多项式拟合的非线性恢复力对比图，由图可知，九阶多项式的拟合精度优于三阶多项式，其中，三阶多项式的 $k_1 = -441$，$k_3 = 2.554 \times 10^7$。当 $D = 28.6\text{ mm}$，$H = 13\text{mm}$ 及正弦定频频率 $f = 5\text{Hz}$ 时，图 6-13b 为采用九阶拟合和三阶拟合时位移响应关于激励幅值的分叉图，可以看出，虽然系统均存在周期性和混沌振动，但动力学行为有显著的区别。因此，九阶多项式更加准确地预测非线性动力学响应及其动力学行为。

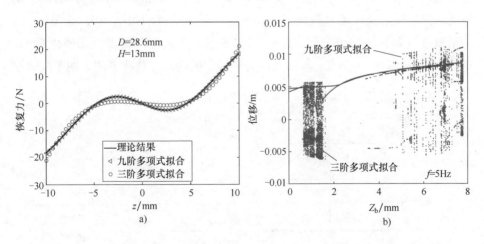

图 6-13　不同阶数多项式恢复力拟合曲线对比及分叉图

a）九阶多项式拟合与三阶多项式拟合的非线性恢复力对比　b）位移关于激励幅值的分叉图

1. 随激励幅值的变化

图 6-14 为双稳态磁刚度隔振器位移关于激励幅值 Z_b 的分叉图，其中，激励频率 f = 10.5Hz。可以看出，当激励幅值 Z_b 从 0 增加到 1.73mm 时，双稳态磁刚度隔振器出现了周期振动与混沌振动，随着激励幅值的增大，二者交替出现，说明双稳态磁刚度隔振器的动力学行为极为复杂，振动响应受激励幅值的影响较大。但在此范围内，隔振系统的位移总小于 8mm。

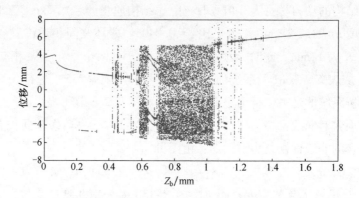

图 6-14 双稳态磁刚度隔振器位移随激励幅值 Z_b 变化的分叉图

为了更详细地分析激励幅值 Z_b 对位移的影响，图 6-15~图 6-21 分别分析了激励幅值从 0.28mm 增大至 1.2mm 时双稳态磁刚度隔振器的位移响应、相轨迹、位移频谱及庞加莱截面图，其中，定频激励时的频率均为 10.5Hz。当激励幅值为 Z_b = 0.28mm 时（图 6-15），双稳态磁刚度隔振器处于阱内振动。庞加莱截面上只有一个点，所以系统为单周期振动。位移频谱图表明系统运动

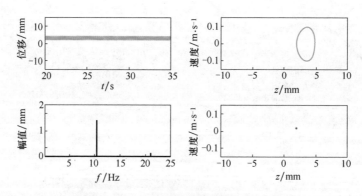

图 6-15 双稳态磁刚度隔振器在 Z_b = 0.28mm
激励下位移响应、相轨迹、位移频谱及庞加莱截面

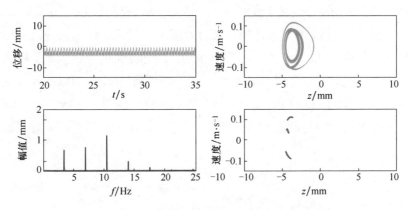

图 6-16　双稳态磁刚度隔振器在 $Z_b = 0.4335\text{mm}$

激励下的位移响应、相轨迹、位移频谱及庞加莱截面

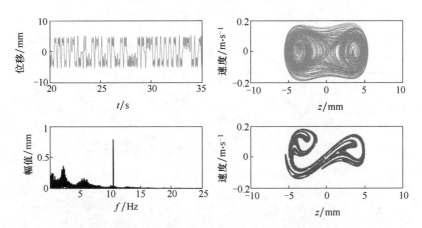

图 6-17　双稳态磁刚度隔振器在 $Z_b = 0.6069\text{mm}$

激励下的位移响应、相轨迹、位移频谱及庞加莱截面

中出现了 2 倍 (21Hz) 超谐波分量[174]。图 6-16 为激励幅值 $Z_b = 0.4335\text{mm}$ 时双稳态磁刚度隔振器的位移响应、相轨迹、位移频谱及庞加莱截面图，可以看出，双稳态磁刚度隔振器仍然处于阱内振动，频谱出现了 1/3 倍 (3.5Hz) 和 2/3 倍 (7Hz) 亚谐波分量和 4/3 倍 (14Hz)、5/3 倍 (17.5Hz) 和 2 倍 (21Hz) 超谐波分量。此时，庞加莱截面上出现了三条离散的线，表明系统也为周期性振动，但即将进入混沌振动。继续增大激励幅值 Z_b 到 0.6069mm，位移响应、相轨迹、位移频谱及庞加莱截面如图 6-17 所示，此时，双稳态磁刚度隔振器进入阱间振动，庞加莱截面上出现了奇怪吸引子，此外，频谱图上出现了连续频

带，这些现象表明了系统处于混沌振动。继续增大激励幅值 Z_b 至 0.6502mm，位移响应、相轨迹、位移频谱及庞加莱截面如图 6-18 所示，庞加莱截面上出现了 5 个点，说明了系统的运动为 5 倍周期振动，即外界激励经过了 5 个周期运动时间，响应才完成了一个周期的运动。从傅里叶频谱图上也可以看到系统出现了 1/5 倍（2.1Hz）和 3/5 倍（6.3Hz）的亚谐波运动和 7/5 倍（14.7Hz）和 9/5 倍（18.9Hz）的超谐波运动。图 6-19 为当激励幅值 $Z_b = 1$mm 时双稳态磁

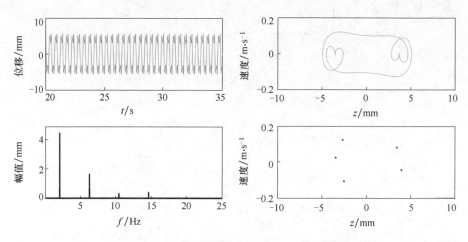

图 6-18　双稳态磁刚度隔振器在 $Z_b = 0.6502$mm

激励下的位移响应、相轨迹、位移频谱及庞加莱截面

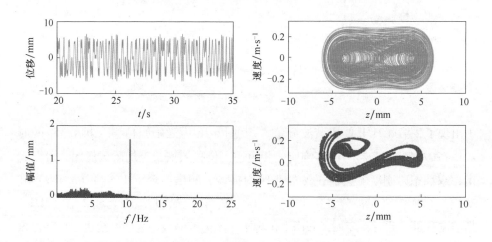

图 6-19　双稳态磁刚度隔振器在 $Z_b = 1$mm 激励下的位移响应、

相轨迹、位移频谱及庞加莱截面

刚度隔振器的位移响应、相轨迹、位移频谱及庞加莱截面。同样，庞加莱截面中的奇怪吸引子和傅里叶频谱图中连续的频带表明系统再次进入阱间混沌振动。图 6-20 为当激励幅值 $Z_b = 1.1271$mm 时双稳态磁刚度隔振系统的位移响应、相轨迹、位移频谱及庞加莱截面图，可以看出，系统逃离混沌振动进入 3 倍周期振动。傅里叶频谱图也表明了系统的振动包含 1/3 倍（3.5Hz）的亚谐波分量和 5/3 倍（17.5Hz）的超谐波分量。图 6-21 为激励幅值 $Z_b = 1.2$mm 时双稳态磁刚度隔振器的位移响应、相轨迹、位移频谱及庞加莱截面图，可以看出，当激励幅值 Z_b 足够大时，双稳态隔振系统为阱间振动，庞加莱截面仅存在一个点，证明了系统处于周期振动。

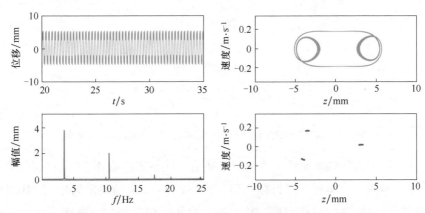

图 6-20　双稳态磁刚度隔振器在 $Z_b = 1.1271$mm 激励下的位移响应、

相轨迹、位移频谱及庞加莱截面

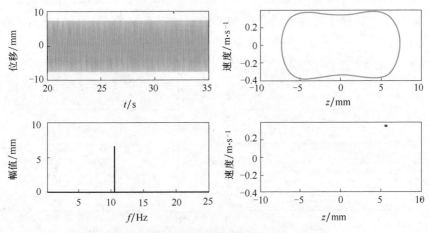

图 6-21　双稳态磁刚度隔振器在 $Z_b = 1.2$mm

激励下的位移响应、相轨迹、位移频谱及庞加莱截面

2. 随激励频率的变化

本节继续讨论激励幅值一定的情况下，激励频率对双稳态磁刚度隔振器动力学行为的影响规律。等效激励力幅值 $mZ_b\omega^2$ 为 2N。图 6-22 为位移响应随激励频率 f 的分叉图，可以看出，双稳态磁刚度隔振器在频率区间 0.001 ~ 2.39Hz、2.891 ~ 3.329Hz、4.206 ~ 5.083Hz 和 9.781 ~ 11.91Hz 时为混沌振动，表明随着激励频率的增加，混沌振动和周期振动无规则地交替出现，也说明双稳态磁刚度隔振器在不同频率下依然呈现复杂的动力学行为。

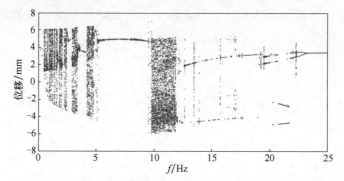

图 6-22　双稳态磁刚度隔振器位移响应随激励频率的分叉图

在了解了系统随激励频率变化分叉图后，接下来选取特殊的频率点，继续对系统复杂的动力学行为进行分析与讨论。图 6-23 为当激励频率为 2Hz 时双稳态磁刚度隔振器的位移响应、相轨迹、位移频谱及庞加莱截面，可以看出，在低频激励下系统处于阱间振动，频谱图中连续的频带和庞加莱截面中的奇怪吸引子表明系统处于混沌振动。当频率增加到 7Hz 时，双稳态磁刚度隔振器的位移响应、相轨迹、位移频谱及庞加莱截面如图 6-24 所示，可以看出，系统

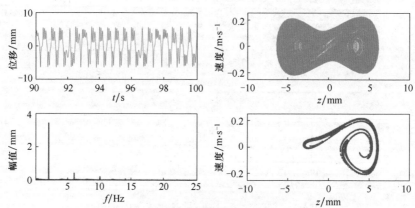

图 6-23　双稳态磁刚度隔振器在 2Hz 激励下的位移响应、
相轨迹、位移频谱及庞加莱截面

仍然处于阱间振动形态，但此时，庞加莱截面仅有一个点，表明双稳态磁刚度隔振器进入了周期振动。此外，频谱图中的 3 倍（21Hz）谐波分量表明系统存在超谐波振动。图 6-25 为当激励频率为 11Hz 时双稳态磁刚度隔振器的位移响应、相轨迹、位移频谱及庞加莱截面。与图 6-23 类似，频谱图中连续的频带和庞加莱截面中的奇怪吸引子，表明系统处于混沌振动。此时，系统也为阱间振动形态。当激励频率增大至 20Hz 时，如图 6-26 所示，系统逐渐退化为围绕一个平衡位置的阱内振动，此时，庞加莱截面上只有两个点，意味着系统进入了 2 倍周期振动。从频谱图也可以看出响应包含 1/2 倍（10Hz）的亚谐波分量。当激励频率大于 23.4Hz 时，双稳态磁刚度隔振器又将进入另一种周期运动。

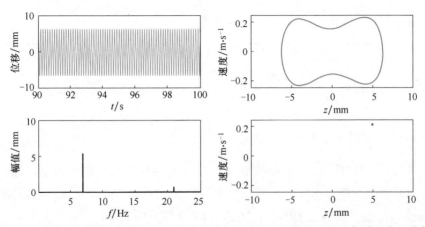

图 6-24　双稳态磁刚度隔振器在 7Hz 激励下的位移响应、相轨迹、位移频谱及庞加莱截面

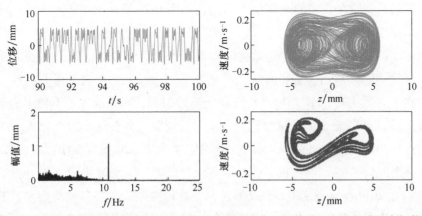

图 6-25　双稳态磁刚度隔振器在 11Hz 激励下的位移响应、相轨迹、位移频谱及庞加莱截面

由图 6-14～图 6-26 的分析可以看出，随着激励幅值和频率的变化，双稳态磁刚度隔振器的动力学行为发生了显著的变化，存在阱间振动与阱内振动形态，并且其运动特征有周期性振动、准周期振动及混沌振动，极复杂，难以预示。

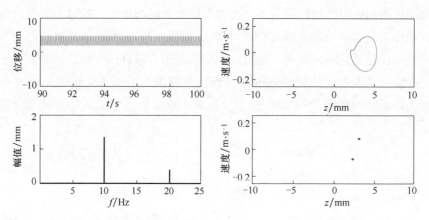

图 6-26　双稳态磁刚度隔振器在 **20Hz** 激励下的位移响应、相轨迹、位移频谱及庞加莱截面

6.5.2　试验研究

本节试验验证了双稳态磁刚度隔振器的隔振性能与复杂动力学特性，其中，试验方案与单稳态非线性隔振器类似，如图 6-10 所示。试验时的基础激励幅值为 $0.2g$，扫频范围为 2～52Hz，扫频速率 1Hz/s。

图 6-27 为不同 D 时双稳态磁刚度隔振器的传递率曲线，其中，$H = 13\text{mm}$，隔振结构的初始在左侧的平衡位置为 z_1，如图 6-27 所示。当 $D = 29.6\text{mm}$ 时，传递率曲线出现了两个峰 P_{11} 和 P_{13}，表明系统发生了突跳现象，此时，双稳态磁刚度隔振器围绕不平衡位置做阱间振动。当位移较大时，从 z_1 平衡点跳跃到 z_2 平衡点，之后出现了峰值点 P_{13}。在突跳过程中共振区内出现了"谷"响应，在"谷"内传递率（P_{12} 点）可降低至 0.51，此时系统处于不稳定的平衡位置。当 $D = 28.6\text{mm}$ 时，试验发现了类似的现象，即传递率曲线出现了两个峰值点（P_{21} 和 P_{23}）和一个"谷"，但响应要比 $D = 29.6\text{mm}$ 时的大。可以发现，共振区内"谷"响应的传递率小于 1，此时，隔振效果显著提升。Yang 等[81,82] 在 2014 年也发现了双稳态系统具备这种独特的"谷"响应现象，其具有位移响应大，低频减振效果好的特点。但是，本研究所呈现的"谷"响应不同于以上文献，原因在于文献所描述的系统为两自由度双稳态系统，即因为

反共振现象也可以实现"谷"响应，而图 6-27 所示的"谷"响应为单自由度双稳态系统。且传统的线性或单稳态非线性隔振系统并不会出现"谷"响应。需要注意的是，双稳态系统的位移因跳跃现象在某些情况下会增大，因此，在设计双稳态隔振器时需要注意两个稳定平衡位置间的距离。

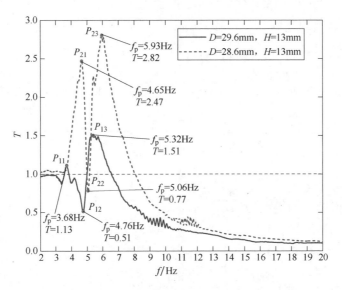

图 6-27　试验双稳态磁刚度隔振器传递率

为了验证复杂动力学行为，测试了系统在不同激励下的简谐响应。图 6-28 为测试得到的双稳态磁刚度隔振器在不同激励幅值 Z_b 下的加速度响应及其傅里叶频谱图。其中，$D = 29.1\text{mm}$、$H = 13\text{mm}$、$f = 10.5\text{Hz}$。当激励幅值为 0.28mm 时（图 6-28a），双稳态磁刚度隔振系统为周期振动，从傅里叶频谱（图 6-28b）可以看出，响应包含了 2 倍（21.14Hz）的超谐波响应。当激励幅值增大至 0.65mm 时（图 6-28c），系统进入 2 倍周期振动。由傅里叶频谱可知（图 6-28d），响应包含 1/2 倍（5.08Hz）亚谐波振动分量和 3/2 倍（15.63Hz）、2 倍（21.12Hz）超谐波振动分量。当激励幅值增加到 1mm 时（图 6-28e），已经分辨不出振动的周期，从傅里叶频谱图（图 6-28f）可以看出系统进入了混沌振动。该试验结果与图 6-15 ~ 图 6-21 中的仿真结果相同。当激励幅值增加到 1.125mm 时（图 6-28g），系统逃离混沌振动进入 1 倍周期振动，傅里叶频谱图（图 6-28h）表明系统的振动中包含 2 倍（21.12Hz）超谐波分量。总之，图 6-28 表明了随着激励幅值的增加，双稳态磁刚度系统在周期性振动、准周期振动及混沌振动之间不断转换。

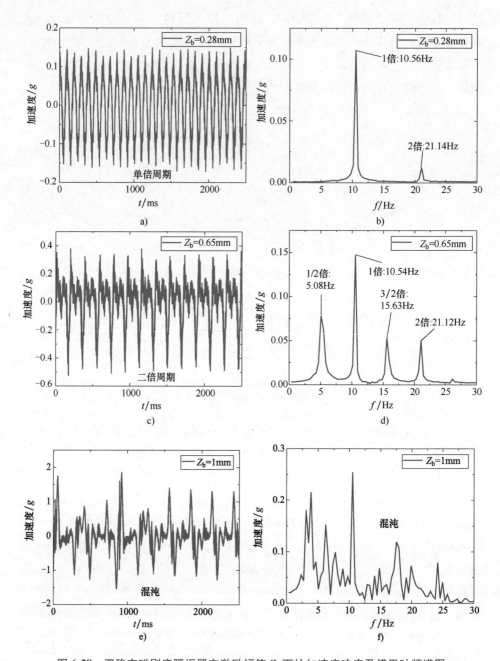

图 6-28 双稳态磁刚度隔振器在激励幅值 Z_b 下的加速度响应及傅里叶频谱图

a）0.28mm、c）0.65mm、e）1mm 下的加速度响应

b）0.28mm、d）0.65mm、f）1mm 下的傅里叶频谱图

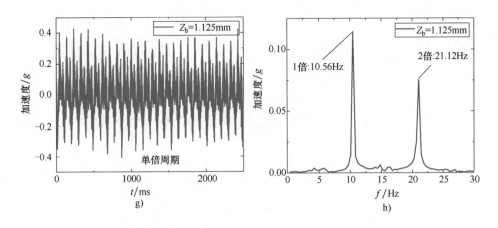

图 6-28　双稳态磁刚度隔振器在激励幅值 Z_b 下的加速度响应及傅里叶频谱图（续）

g）1.125mm 下的加速度响应　h）1.125mm 下的傅里叶频谱图

6.6　本章小结

　　本章针对第 3 章提出的磁刚度非线性隔振结构，通过优化磁体间的极性与结构的对称性，设计了"双状态"磁刚度非线性隔振器，可以通过调节环形永磁体之间的几何位置实现单稳态和双稳态之间的相互转换，即"双状态"特性。建立了"双状态"磁刚度隔振系统的理论模型，通过数值仿真及试验研究了单稳态和双稳态磁刚度非线性隔振系统的隔振特性及复杂动力学行为。结果表明：①单稳态磁刚度非线性隔振器的隔振性能类似于准零刚度隔振，磁结构可以实现等效磁负刚度和类似于硬弹簧特征的非线性磁刚度，通过调节永磁体之间的几何位置可实现隔振带宽和隔振特性的提升。此外，单稳态磁刚度非线性隔振器随激励幅值变化时处于周期性振动，具有较好的鲁棒性和稳定性。②通过调节磁体间极性和相对位置使系统处于双稳态时，隔振系统呈现出极为复杂的动力学行为，即随着激励幅值和频率的变化，双稳态磁刚度隔振系统具有周期、准周期及混沌振动形态，且这几种形态交替出现，并伴随着阱间和阱内振动以及大幅和小幅振动。此外，由于阱间的"突跳"现象发生，试验中发现双稳态磁刚度隔振器的传递率在共振区出现了"谷"响应，并且在"谷"中局部位置的传递率小于 1，极大提升了隔振性能。由于双稳态隔振所具有的新现象，因此，将在下一章系统研究双稳态隔振的基础理论和方法。

第7章
双稳态低频隔振理论与方法

7.1　引言

已经证明准零刚度隔振具有良好的隔振性能[2,5]，第 6 章已经证明了通过优化设计磁结构可以实现双稳态特征，也通过试验验证了双稳态磁刚度隔振系统的低频隔振特性。目前，常用的隔振方法除了传统的线性隔振外，也有准零刚度隔振[7,136]和仿生隔振[15,155]等非线性隔振，双稳态隔振是新出现的一种隔振方法，存在隔振机理不清、理论模型不完备、方法与设计体系不全等问题，限制了其进一步的发展和应用。

虽然双稳态隔振方面的研究较少，但是近年来双稳态动力学系统是研究热点，例如双稳态振动能量回收等[76]。双稳态系统具有两个稳定的平衡位置，即系统的势能曲线有两个势能阱。当双稳态结构在外界激励下的动力学响应发生一定变化时，两个稳定的平衡状态之间会发生突跳现象。杜克大学的 Virgin 和 Cartee[73] 及 B. P. Mann[71] 讨论了双稳态电磁摆在势能阱中逃离的能量准则。双稳态结构因其具备的突跳特性常应用于宽频带能量回收[76,175]。Ishida 等[78] 基于双稳态展开式结构设计了一种准零刚度隔振器，结果表明，由于系统的突跳，隔振器具备良好的隔振性能。Yang 等[81] 将倒摆式双稳态结构悬挂于主结构，构建了二自由度系统，研究了双稳态吸附结构的减振效果，结果表明，双稳态系统的动力学稳定性现象可消除主系统的有害共振。随之，Johnson 等[80] 和 Yang 等[82] 将一个双稳态隔振器和线性隔振器组合，构建了双稳态-双状态隔振器。研究发现，减振系统的传递率曲线出现了"谷"响应，响应在"谷"中显著减小。刘丽兰等[176] 讨论了考虑非线性阻尼的双稳态电磁式吸振器的动力学特性。虽然双稳态结构逐渐被学者应用于振动抑制，但相关研究主要依托于二自由度系统进行减振，双稳态隔振方法机理未被深入研究，亟须建立一种普适性的双稳态隔振理论，并揭示其低频隔振机理。

本章研究从传统的"三弹簧"式准零刚度隔振模型出发，通过假设双稳态模型中弹簧的几何构型与刚度获得双稳态理论模型表达式，构建了非线性恢复力和势能，推导了双稳态隔振器的广义力和位移传递率，并对其解析解和数值解进行了对比分析，最后对双稳态模型进行动力学分析求解，揭示其低频隔振机理。本章为双稳态隔振系统的动力学设计、分析和优化提供了理论依据。

7.2 双稳态隔振结构等效模型

本章以经典的"三弹簧"式准零刚度隔振模型为基础建立等效双稳态隔振模型[49]。图 7-1 为"三弹簧"式双稳态隔振系统原理图，其中，质量 m 在水平方向连接有一刚度为 k_0 的线性弹簧和阻尼 c，在其他方向有两个刚度为 k_h 的线性弹簧对称连接。水平弹簧和斜弹簧的初始长度分别为 l_0 和 l_1，斜弹簧在左侧稳定平衡位置状态时相应的水平和竖直几何参数分别为 p 和 q，虚线部分为"三弹簧"式双稳态隔振器的右侧稳定平衡位置。

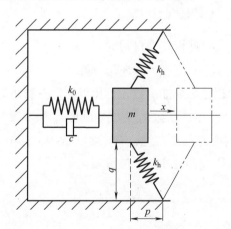

图 7-1 "三弹簧"式双稳态隔振系统原理图

7.2.1 非线性恢复力计算

设"三弹簧"式双稳态隔振器沿着水平方向的位移为 x，根据系统的几何关系，总非线性恢复力 F_1 可写为

$$F_1 = -k_0 x + 2k_h \left(1 - \frac{l_1}{\sqrt{(p-x)^2 + q^2}} \right) (p-x) \tag{7-1}$$

假设 x 为小位移激励，根据泰勒公式将式（7-1）展开，系统总非线性恢复力可写为

$$F_1(x) \approx F_1(0) + F_1^{(1)}(0)x + \frac{1}{2!}F_1^{(2)}(0)x^2 + \frac{1}{3!}F_1^{(3)}(0)x^3 \tag{7-2}$$

用三阶泰勒多项式将非线性恢复力简化为

$$F_1 \approx \lambda_1 x + \lambda_2 x^2 + \lambda_3 x^3 \tag{7-3}$$

式中

$$\begin{cases} \lambda_1 = -k_0 - 2k_h \left(1 - \dfrac{l_1}{\sqrt{p^2 + q^2}} \right) - \dfrac{2k_h l_1 p^2}{(p^2 + q^2)^{1.5}} \\[4mm] \lambda_2 = -\dfrac{3k_h l_1 p^3}{(p^2 + q^2)^{2.5}} + \dfrac{3k_h l_1 p}{(p^2 + q^2)^{1.5}} \\[4mm] \lambda_3 = -\dfrac{5k_h l_1 p^4}{(p^2 + q^2)^{3.5}} + \dfrac{6k_h l_1 p^2}{(p^2 + q^2)^{2.5}} - \dfrac{k_h l_1}{(p^2 + q^2)^{1.5}} \end{cases} \tag{7-4}$$

7.2.2 双稳态系统势能

双稳态隔振系统的弹性恢复力可写为

$$f_R = k_1 z + k_2 z^2 + k_3 z^3 \tag{7-5}$$

弹性恢复力 f_R 的积分为势能函数，可用以确定双稳态隔振系统的势能形状和平衡位置。式（7-5）中，系数 k_1 为线性刚度 k_0 和等效负刚度 k' 总和。假设弹性恢复力 $f_R = 0$，对于双稳态系统，有三个实数解，其中一个为 0，为双稳态系统中的不稳定平衡位置，另外两个解可写为

$$\begin{cases} z_1 = \dfrac{-k_2 - \sqrt{k_2^2 - 4k_1 k_3}}{2k_3} \\[4mm] z_2 = \dfrac{-k_2 + \sqrt{k_2^2 - 4k_1 k_3}}{2k_3} \end{cases} \tag{7-6}$$

式（7-6）中系数满足 $k_3 > 0$，$k_2^2 - 4k_1 k_3 > 0$ 时，可得到两个非零解。弹性恢复力表达式也可改写为

$$f_R = \frac{kz(z-z_1)(z-z_2)}{|z_1 z_2|} \tag{7-7}$$

将式（7-7）展开，可得

$$f_{\mathrm{R}} = -kz + k\left(\frac{1}{z_1}+\frac{1}{z_2}\right)z^2 + \frac{k}{|z_1 z_2|}z^3 \tag{7-8}$$

对比式（7-8）与式（7-5），可得

$$k_1 = -k, k_2 = k\left(\frac{1}{z_1}+\frac{1}{z_2}\right), k_3 = \frac{k}{|z_1 z_2|} \tag{7-9}$$

对式（7-8）进行积分，可得势能函数表达式

$$U = -\frac{1}{2}kz^2 + \frac{1}{3}k\left(\frac{1}{z_1}+\frac{1}{z_2}\right)z^3 + \frac{k}{4|z_1 z_2|}z^4 \tag{7-10}$$

将势能函数无量纲化

$$\hat{f}_{\mathrm{R}} = \xi(d - \alpha d^2 - \beta d^3) \tag{7-11}$$

式中

$$\hat{f}_{\mathrm{R}} = \frac{f_{\mathrm{R}}}{k_0 z_1}, d = \frac{z}{z_1}, \alpha = 1+\lambda, \beta = -\lambda, \lambda = \frac{z_1}{z_2}, \xi = 1 + \frac{k'}{k_0}, k_1 = k_0 + k' \tag{7-12}$$

因此，无量纲化的势能函数可写为

$$\hat{U} = \xi\left(\frac{1}{2}d^2 - \frac{1}{3}\alpha d^3 - \frac{\beta}{4}d^4\right) \tag{7-13}$$

图 7-2 是当 $\xi = -0.5$ 时对称和非对称情况下的无量纲势能函数曲线。当 $\lambda = -1$ 时系统的势能对称；当 $\lambda < -1$ 时，随着系数 λ 的减小，右势垒变得更深，反之亦然。

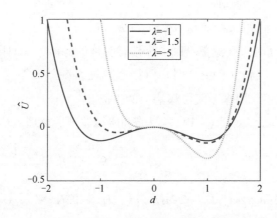

图 7-2　不同 λ 系数下无量纲势能函数随 d 的变化规律

7.2.3 运动方程

振动系统大多数承受力激励或基础激励，因此，在以下的隔振性能的评价讨论中，分别考虑力激励和基础位移激励时双稳态隔振系统的隔振性能。两种情况下系统的运动方程分别写为

$$m\ddot{z}+c\dot{z}+k_1z+k_2z^2+k_3z^3=F_0\cos\omega t \tag{7-14}$$

$$m\ddot{z}+c\dot{z}+k_1z+k_2z^2+k_3z^3=m\omega^2 Z_b\cos\omega t \tag{7-15}$$

相应的无量纲化的运动方程分别写为

$$d''+2\varsigma d'+\xi(d-\alpha d^2-\beta d^3)=f_0\cos\Omega\tau \tag{7-16}$$

$$d''+2\varsigma d'+\xi(d-\alpha d^2-\beta d^3)=\Omega^2 a_0\cos\Omega\tau \tag{7-17}$$

式中

$$\varsigma=\frac{c}{2m\omega_n},f_0=\frac{F_0}{k_0z_1},a_0=\frac{Z_b}{|z_1|},\Omega=\omega/\omega_n,\tau=\omega_n t \tag{7-18}$$

式（7-16）与式（7-17）合并，其中，力激励与位移激励所对应参数分别为 $\sigma=1$，$u_0=f_0$ 及 $\sigma=\Omega^2$，$u_0=a_0$，

$$d''+2\varsigma d'+\xi(d-\alpha d^2-\beta d^3)=\sigma u_0\cos\Omega\tau \tag{7-19}$$

7.2.4 幅频响应关系

双稳态隔振系统具有极强的非线性，为了深入认识其隔振性能，需要分析其幅频响应关系及传递关系。谐波平衡法广泛应用于非线性系统。设双稳态隔振系统在简谐激励下的响应为

$$d=c_0(\tau)+a(\tau)\sin\Omega\tau+b(\tau)\cos\Omega\tau \tag{7-20}$$

当 $c_0(\tau)=0$ 时，双稳态隔振系统具有对称的势能，此时隔振系统正处于阱间振动；反之，当 $c_0(\tau)\neq 0$ 时，双稳态隔振系统具有不对称的势能函数。记 $r^2=a^2+b^2$ 为双稳态隔振系统位移响应的幅值。

将式（7-20）代入式（7-19），忽略高阶谐波项后整理表达式可得

$$-2\varsigma c_0'=\xi\left[c_0-c_0^2\alpha-c_0^3\beta-\frac{a^2+b^2}{2}\alpha-\frac{3c_0}{2}(a^2+b^2)\beta\right] \tag{7-21}$$

$$2\Omega a'+2\varsigma b'=\sigma a_0+\Omega^2 b-2\varsigma a\Omega-\xi\left[b-2bc_0\alpha-\left(3bc_0^2+\frac{3a^2b}{4}+\frac{3b^3}{4}\right)\beta\right] \tag{7-22}$$

$$-2\Omega b'+2\zeta a'=\Omega^2 a+2\varsigma b\Omega-\xi\left[a-\left(3ac_0^2+\frac{3ab^2}{4}+\frac{3a^3}{4}\right)\beta-2ac_0\alpha\right] \tag{7-23}$$

当处于稳态响应时，可得双稳态隔振系统的初始位置表达式和幅频响应分别为

$$c_0 - \frac{3c_0}{2}\beta r^2 - c_0^2\alpha - c_0^3\beta - \frac{r^2}{2}\alpha = 0 \tag{7-24}$$

$$r^2\left[(\Omega^2 + \xi\mu)^2 + 4\varsigma^2\Omega^2\right] = \sigma^2 u_0^2 \tag{7-25}$$

式中，$\mu = 3\beta\left(c_0^2 + \frac{r^2}{4}\right) + (2c_0\alpha - 1)$。

根据式（7-24），r^2 可以写为

$$r^2 = \frac{2(c_0 - c_0^2\alpha - c_0^3\beta)}{\alpha + 3c_0\beta} \tag{7-26}$$

重组式（7-25）得到关于 c_0 的隐式方程：

$$r^2\Omega^4 + 2(\xi\mu + 2\varsigma^2)r^2\Omega^2 + r^2\xi^2\mu^2 - \sigma^2 u_0^2 = 0 \tag{7-27}$$

求解式（7-27）可得两正解，分别为力激励所对应的 $\Omega_{\mathrm{f}1,2}^2$ 和位移激励所对应的 $\Omega_{\mathrm{b}1,2}^2$

$$\Omega_{\mathrm{f}1,2}^2 = -(\xi\mu + 2\varsigma^2) \pm \sqrt{4\varsigma^4 + 4\varsigma^2\xi\mu + \frac{u_0^2}{r^2}} \tag{7-28}$$

$$\Omega_{\mathrm{b}1,2}^2 = \frac{-(\xi\mu + 2\varsigma^2)r^2 \pm r\sqrt{(\xi\mu + 2\varsigma^2)^2 r^2 - \xi^2\mu^2(r^2 - u_0^2)}}{r^2 - u_0^2} \tag{7-29}$$

因此，从上式可得主干曲线关于 c_0 的表达式，当两个频率曲线相等时，双稳态隔振系统的骨架曲线可以写为

$$\Omega_{\mathrm{f,backbone}}^2 = -\xi\mu - 2\varsigma^2 = -\xi\left\{3\beta\left[c_0^2 + \frac{c_0 - c_0^2\alpha - c_0^3\beta}{2(\alpha + 3c_0\beta)}\right] + (2c_0\alpha - 1)\right\} - 2\varsigma^2 \tag{7-30}$$

$$\Omega_{\mathrm{b,backbone}}^2 = \frac{-(\xi\mu + 2\varsigma^2)r^2}{r^2 - u_0^2} = \frac{-(\xi\mu + 2\varsigma^2)(c_0 - c_0^2\alpha - c_0^3\beta)}{(c_0 - c_0^2\alpha - c_0^3\beta) - 2(\alpha + 3c_0\beta)u_0^2} \tag{7-31}$$

7.2.5　动力学分析

图 7-3 为当 $f_0 = 0.125$ 及 $\xi = -1$ 时，对称势能阱下双稳态隔振系统位移的数值解和解析解对比。其中，蓝色点代表分叉图，青色曲线为扫频时的位移曲线。当系统阻尼 ς 为 0.01 时，如图 7-3a 所示，在频率 1.2 附近，双稳态隔振系统进入了阱间振动。在高频区域时，双稳态隔振系统处于阱内振动。当系统阻尼 ς 为 0.1 时，双稳态隔振系统始终处于阱内振动，如图 7-3b 所示。在此情况

下，双稳态隔振系统不会产生突跳现象。此外，也可以从图 7-3 中看出位移的解析解和数值解具有较好的吻合度，表明采用谐波平衡的近似解析解可以在一定程度上模拟系统的响应。

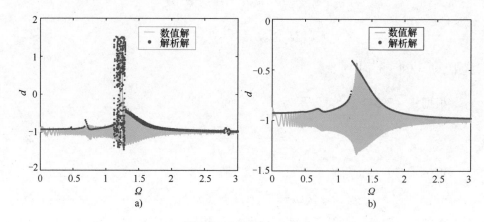

图 7-3 双稳态隔振系统位移随频率变化的规律

a) $\varsigma = 0.01$ b) $\varsigma = 0.1$

图 7-4a 为当频率 Ω 为 1 时双稳态隔振系统的位移关于激励频率的分叉图，可以看出，当激励频率小于 0.19 时，双稳态隔振系统围绕初始位置做阱内周期振动。当激励频率为 0.2 时，发生了突跳，双稳态隔振系统突跳至另一平衡位置做阱内振动。图 7-4b 为当频率 Ω 为 1.5 时双稳态隔振系统的位移分叉图，在此情况下，当激励频率小于 0.15 时，系统围绕初始平衡位置做阱内振动；

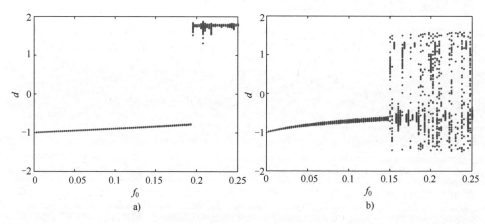

图 7-4 双稳态隔振系统关于激励频率的分叉图

a) $\Omega = 1$ b) $\Omega = 1.5$

当激励频率超过 0.15 时，双稳态隔振系统进入阱间混沌运动。图 7-5 为当频率 Ω 为 1.2 时双稳态隔振系统位移关于激励位移 a_0 的分叉图，可以看出，当 a_0 小于 0.98×10^{-3} 时，双稳态隔振器处于阱内周期振动；当 a_0 大于 0.98 时，双稳态隔振系统处于阱间振动。为了揭示阻尼对双稳态隔振系统动力学行为的影响规律，图 7-6 为当 Ω 为 1 且激励频率为 0.125 时，双稳态隔振系统的位移关于阻尼 ς 的分叉图，可以看出，当阻尼较小时，双稳态隔振系统处于阱间振动；而当阻尼超过某一阈值后，双稳态隔振系统处于阱内振动。

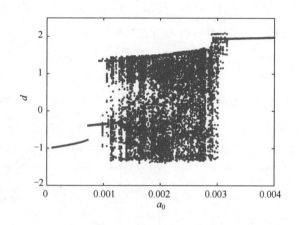

图 7-5　当 $\Omega = 1.2$ 时双稳态隔振系统关于 a_0 的位移分叉图

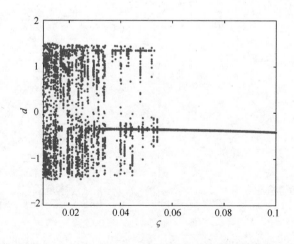

图 7-6　当 $\Omega = 1$ 且 $f_0 = 0.125$ 时双稳态隔振系统关于 ς 的位移分叉图

7.3　双稳态隔振系统的隔振性能评估

7.3.1　力传递率

隔振系统常用力传递率和位移传递率评估系统的隔振性能[7,23]，系统的总输出力为弹性恢复力和阻尼力之和。即

$$F_T = 2\varsigma d' + \xi(d - \alpha d^2 - \beta d^3) \tag{7-32}$$

因此，力传递率为输出力与输入力之比，写为

$$T = \frac{r\sqrt{(\mu\xi)^2 + (\varsigma\Omega)^2}}{f_0} \tag{7-33}$$

当 $\lambda = -1$，$\xi = -0.3$ 且势能函数为对称时，可以分析传递率以验证双稳态隔振系统的隔振特性。图 7-7a 为当 $f_0 = 0.05$ 及 $\varsigma = 0.1$ 时系统的力传递率曲线，其中，数值解使用小方框表示。当频率 Ω 为 0.65 时，力传递率为 2.8 时，相

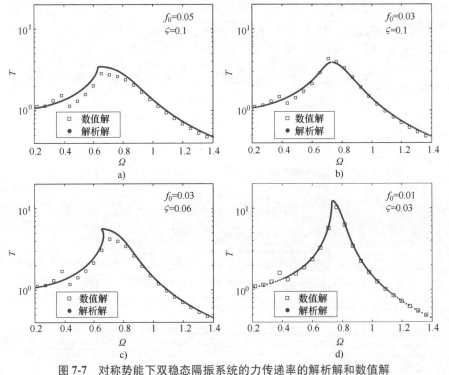

图 7-7　对称势能下双稳态隔振系统的力传递率的解析解和数值解

a) $f_0 = 0.05$，$\varsigma = 0.1$　b) $f_0 = 0.03$，$\varsigma = 0.1$　c) $f_0 = 0.03$，$\varsigma = 0.06$　d) $f_0 = 0.01$，$\varsigma = 0.03$

应的隔振频率为 1.08 小于传统线性隔振的 $\sqrt{2}$，表明双稳态隔振系统的阱内振动有利于提高隔振性能。图 7-7b 为当 $f_0 = 0.03$ 及 $\varsigma = 0.1$ 时的力传递率曲线，由于阻尼较大，此时传递率曲线特性和线性系统类似。图 7-7c 为当 $f_0 = 0.03$ 及 $\varsigma = 0.06$ 时的力传递率曲线，隔振系统显现出明显的负刚度特性和软化特性，而这些对于隔振系统来说均是有利的。当 $f_0 = 0.01$ 及 $\varsigma = 0.03$ 时，图 7-7d 表明力传递率的最大值达到 12，但隔振带宽依然优于线性系统，此时阻尼在高频隔振区的影响变得非常微弱。此外，也可以看出，图 7-7 中的解析解较好地吻合了数值解，证明了双稳态隔振系统理论模型的正确性与有效性。此外，从图 7-7a、c 中可以看出，双稳态隔振系统的谐振频率为 0.63，而图 7-7b、d 中双稳态隔振系统的峰值频率为 0.75，这些结果均阐明了双稳态隔振器有利于拓宽隔振频率带宽。

对于不对称的势能函数，双稳态隔振系统的初始平衡位置会极大影响其隔振性能。图 7-8 为双稳态隔振系统在两种不同初始平衡位置下力传递率的解析解和数值解对比图。当初始位置为 z_2、$\lambda = 0.5$ 和 $\lambda = 0.25$ 时，双稳态隔振系统的最大传递率分别为 4.7 和 4.1，相应的峰值频率分别为 0.55 和 0.5。此外，当 λ 从 0.5 减小到 0.25 时，隔振性能提升。然而，当位于初始位置 z_1，且 $\lambda = 0.5$、$\lambda = 0.25$ 时，隔振系统的最大力传递率分别为 7.7 和 10.2，此时相应的

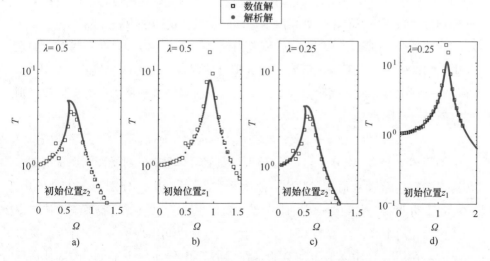

图 7-8　不对称势垒情况下，双稳态隔振系统力传递率的解析解和数值解

（f_0 为 0.03 且 ς 为 0.06）

a）初始在 z_2 且 $\lambda = 0.5$　b）初始在 z_1 且 $\lambda = 0.5$　c）初始在 z_2 且 $\lambda = 0.25$　d）初始在 z_1 且 $\lambda = 0.25$

跳跃频率分别为 0.86 和 1.25，表明不同的势能形状及初始位置会极大影响双稳态隔振系统的带宽和性能。其中，较小的势垒有利于提高隔振性能并拓宽隔振带宽，而更深的势垒反而不利于隔振。此外，从图 7-8a～c 可以看出，跳跃频率小于 1，也验证了双稳态隔振器所具备的负刚度特性。

7.3.2　位移传递率

当双稳态隔振系统受基础激励时，使用绝对位移这一参量来评估其隔振性能。设激励为 $z=d_0+r\cos(\omega t+\theta)$ 时，系统的绝对位移为 $r\cos(\omega t+\theta)+Z_b\cos\omega t$，简化可得位移幅值 $\sqrt{r^2+Z_b^2+2rZ_b\cos\theta}$，因此，双稳态隔振系统的位移传递率可写为

$$T_d=\frac{\sqrt{r^2+Z_b^2+2rZ_b\cos\theta}}{Z_b} \tag{7-34}$$

式中，θ 是位移 d 的相位角，可写为 $\cos\theta=\dfrac{r(K-m\omega^2)}{mZ_b\omega^2}$。

图 7-9 为在对称势能函数下双稳态隔振系统在不同 f_0 和 ς 下位移传递率的解析解和数值解对比图。可以看出，阻尼会有效抑制双稳态隔振系统谐振区的传递率、其中，传递率曲线向左弯曲，表明了双稳态隔振系统具备软刚度特性，而最大位移传递率所对应的跳跃频率小于 0.7，表明阱内振动可以拓宽隔振频带。对于不对称势能的双稳态隔振系统，不同势垒时的位移传递率和力传递率相似。当双稳态隔振器处于阱内振动时，较浅的势垒有益于隔振。

在数学上三阶多项式的非线性恢复力最多有三个零解，而在一些复杂的系统中，如电磁非线性系统，低阶多项式拟合非线性恢复力时精度不高。因此，在仿真过程中最好使用高阶多项式。如果以五阶多项式来替代三阶多项式，则式（7-15）可以改写为

$$m\ddot{z}+c\dot{z}+k_1z+k_3z^3+k_5z^5=m\omega^2Z_b\cos\omega t \tag{7-35}$$

图 7-10 为当 $Z_b=0.004$ 和 $c=3.16$ 时，具有对称势能的双稳态隔振系统位移传递率的解析解和数值解，其中，刚度系数 k_1、k_2 和 k_3 分别为 -40、5×10^6、-5×10^{10}，小圆圈为位移传递率的数值解。可以看出，双稳态隔振系统的传递率曲线中存在两个峰，当 Ω 在 0.1 左右时，两个峰之间出现了一个"谷"。突跳现象发生在"谷"中，值得注意的是在"谷"中传递率小于 1。在这种情况下，最大传递率所对应的频率小于 0.2，这表明由于突跳现象，双稳态隔振系统的隔振性能得到了显著提高。解析解与仿真结果吻合良好，验证了五阶恢

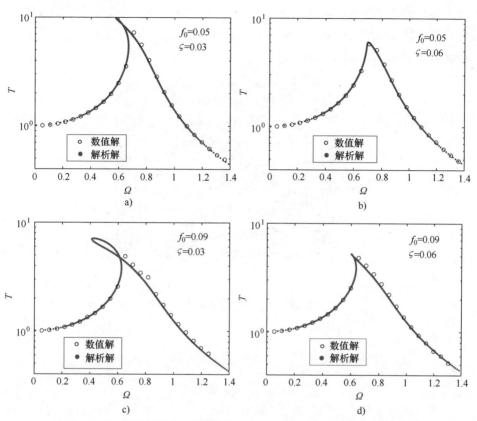

图 7-9　对称势能函数下双稳态隔振系统位移传递率的解析解和数值解

a) $f_0 = 0.05$，$\varsigma = 0.03$　b) $f_0 = 0.05$，$\varsigma = 0.06$　c) $f_0 = 0.09$，$\varsigma = 0.03$　d) $f_0 = 0.09$，$\varsigma = 0.06$

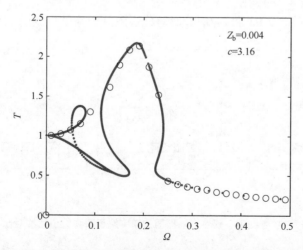

图 7-10　对称势能时双稳态隔振系统位移传递率的解析解和数值解

145

复力模型的有效性与正确性。该现象也充分证明了 6.5.2 小节中双稳态磁刚度隔振系统的试验结果的有效性和合理性。图 7-11 为对称势能下双稳态隔振系统在 $f_0 = 0.03$、$\varsigma = 0.06$、$\Omega = 1$ 时的吸引域。

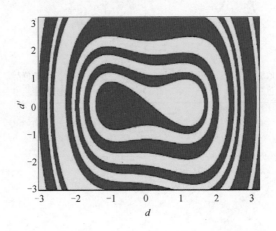

图 7-11　对称势能函数下双稳态隔振系统的吸引域图

7.4　随机振动讨论

本节研究了双稳态隔振系统在随机激励下的力传递率。在随机激励下，双稳态隔振系统运动方程无量纲形式为

$$d'' + 2\varsigma d' + \xi(d - \alpha d^2 - \beta d^3) = \sqrt{D}\eta_e(\tau) \qquad (7\text{-}36)$$

图 7-12 为当 $f_0 = 0.03$ 和 $\varsigma = 0.06$ 时双稳态隔振器在随机激励下传递率解析

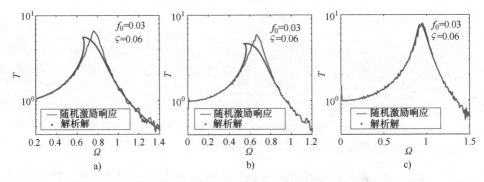

图 7-12　随机激励下双稳态隔振器传递率解析解和数值解的对比

a）$\lambda = 1$　b）初始位置 z_2　c）初始位置 z_1

解和数值解对比图。可以看出，较浅的势垒更有利于隔振，此外，结果证明了双稳态隔振系统理论模型的有效性。

7.5　常见的双稳态结构

由以上的分析可知，双稳态隔振是一种新型的非线性隔振方法，具备传统线性隔振和准零刚度隔振不具备的特征。例如，大幅阱间振动、小幅阱内振动、"谷"响应及复杂的动力学行为等。针对隔振而言，需要设计合适的结构以进行工程应用。目前，有以下几种常见的结构可用于设计双稳态结构，如图 7-13 所示。

图 7-13a 为利用简单的线性弹簧振子结构，可通过对弹簧预紧位置的调控实现双稳态特性[175]。Mann 等[177]报道了一种利用非线性磁力来构建双稳态特性的方法，如图 7-13b 所示，用磁力方法构建的双稳态结构因其可调的双稳态特性和紧凑的构型特点，在振动能量回收领域备受青睐[178,179]。Harne 等[180]讨论了利用磁力来实现 Moon 悬臂梁的双稳态动力学特性，如图 7-13c 所示，这种结构简单且易于实现，目前广泛应用于振动能量采集中。此外，还有多种耦合磁力的倒立摆式装置，其可以实现双稳态、三稳态甚至多稳态动力学特性[173]。Arrieta 等[181]研究了利用双稳态板来实现宽频振动能量回收，如图 7-13d所示。Hanna 等[182]研究了一种折纸式双稳态结构，如图 7-13e 所示。Cottone等[183]在悬臂梁的基础上，通过增加轴向压力的形式，实现了一种不依赖磁力的屈曲梁式双稳态结构，如图 7-13f 所示。Chen 等[184]提出了几种屈曲式双稳态胞元构型，如图 7-13g 所示，可用于多稳态超材料的设计[185]。在自然界中，捕蝇草通过一对叶片的打开和闭合来捕获昆虫（图 7-13h），科学家也对其进行了大量的研究，探索其双稳态原理[72]。

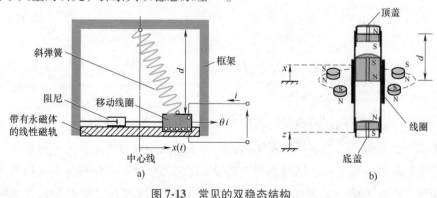

图 7-13　常见的双稳态结构
a）弹簧振子式[175]　b）永磁式[177]

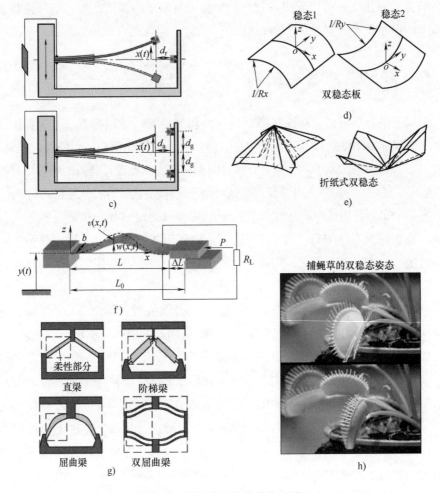

图 7-13　常见的双稳态结构（续）

c）Moon 悬臂梁式[180]　d）双稳态板[181]　e）折纸式[182]

f）屈曲梁式[183]　g）多稳态超材料的双稳态胞元[184]　h）仿生式[72]

7.6　本章小结

　　本章建立了双稳态隔振系统的理论模型，形成了隔振特性的分析方法。推导了双稳态隔振系统的非线性恢复力，揭示了其负刚度特性。获得了双稳态隔振系统的运动方程，基于谐波平衡法推导了广义力传递率和位移传递率以及骨架曲线。研究表明，相比线性系统，双稳态隔振系统具有负刚度和软弹簧特性，可以显著拓宽隔振带宽。初始位置、势能函数形状（如对称性、势垒等）等参数影响隔振系统品质，较浅的势垒有利于提升隔振效果。通过设计双稳态隔振系统的势垒和势能函数使跳跃频率远小于 1。阱间振动会在低频共振区产生"谷"响应，有利于共振区减振；阱内振动可以提升隔振带宽及性能。由于双稳态系统具有复杂的动力学行为，因此，在实际工程设计中需合理设计阻尼，以保证其工作在最优区间。此外，本章提出的双稳态隔振模型使用三阶多项式和五阶多项式来拟合双稳态特性。当位移响应幅度超过位移边界时，两种情况的双稳态特性不完全相同。因此，应该仔细评估响应幅度，以确保双稳态隔振系统在有效工作区间振动。

第8章

双稳态磁刚度隔振系统的抗冲击特性

8.1 引言

冲击是一种瞬态的、突然施加的非周期特性激励，涉及大的位移、速度、力和加速度。表示冲击激励的一种常见方法是有限持续时间的脉冲函数与系统自然周期的比较，通过使用持续时间可以定性地描述冲击时间的"长"或"短"。当非周期输入的持续时间小于系统固有周期的两倍时，可视为发生了冲击。反之，可认为是准静态加载[186]。

机械冲击随处可见，例如，空间天线反射器常暴露在卫星重新定位、流星体撞击、不同仰角下的自重、热冲击等冲击振动环境下[187-190]，可能会导致反射面结构失真，通信精度降低等问题[191]。因此，设计一种冲击隔振器来抑制冲击振动至关重要[192]。被动式线性冲击隔振器由于其造价低廉、结构简单等优势，广泛应用于冲击隔振领域。但由于线性系统的固有周期不变，在受到持续时间较长的脉冲激励时，抗冲击性能变差，因而不能适应较复杂的环境。相比之下，被动式非线性冲击隔振器具有低固有频率、高能量储存的特点，在冲击隔振方面具有较大潜力。

本章基于第7章提出的双稳态低频隔振理论与方法，结合第6章的双稳态磁刚度隔振结构，开展双稳态磁刚度隔振结构的抗冲击特性研究。首先介绍了冲击隔振原理，建立了抗冲击系统的理论模型。其次，引入了三种冲击传递率以评估系统的抗冲击性能。最后，分别采用数值仿真和试验相结合的方式，研究了势垒、阻尼比、势能函数形状对系统抗冲击特性的影响规律。

8.2　冲击隔振原理

分析冲击系统响应时可将冲击激励表示为阶跃激励或脉冲激励，其中，脉冲受迫函数可以用一定的形状来近似，通常分为两个阶段来研究响应，即特定冲击输入时的受迫振动和随后的残余振动[193]。可以研究几个响应参数，如最大绝对位移、相对位移，即地基运动与被隔离质量位移响应的差值和残余响应（即冲击结束后的自由振动）。对于输入激励，可以使用理想的脉冲函数，例如半正弦、正弦、矩形或梯形。通常，为了评估冲击响应，将脉冲的持续时间 τ 与系统的固有周期 T 进行比较，得到冲击响应谱，它表示了一系列单自由度系统在脉冲基础激励下的响应。根据冲击的持续时间，可表征为三个区域：冲击隔振区、冲击放大区、准静态区，如图 8-1 所示。设 x 是被隔目标的最大绝对位移响应，x_0 是冲击脉冲的最大位移。当 $\tau/T<0.25$ 时，响应小于输入激励的最大振幅，系统处于隔振区，对冲击激励具有一定程度的隔振效果。持续时间越短，激励越接近脉冲，其中，脉冲的形状并不重要。对于较长的持续时间，当 $\tau/T>1$ 时，被隔离质量的最大响应大于输入的振幅（处于放大区）。对于比固有周期 $\tau/T\gg1$ 更长持续时间的脉冲，输出响应追随输入激励形状，称为准静态响应。第 6 章提出的双稳态磁刚度隔振系统具有低固有频率、高能量储存的特点，可大幅度降低冲击加速度，提高系统的抗冲击能力。

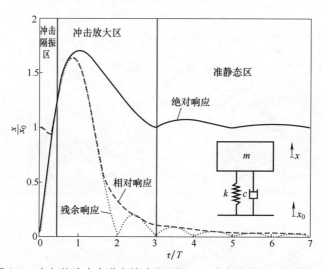

图 8-1　冲击激励响应谱中的冲击隔振区、冲击放大区、准静态区

8.3 双稳态磁刚度冲击隔振器的理论模型

8.3.1 双稳态磁刚度冲击隔振结构

图 8-2 为人造卫星及其双稳态磁刚度冲击隔振器三维图，可以看出，该结构与图 3-5 和图 6-2 所示的结构类似，该冲击隔振器主要由 4 个竖直分布的环形永磁体（PM_1^M、PM_2^M、PM_1^f 和 PM_2^f）和 3 个沿水平面沿周向均匀分布的永磁体（PM_1^b、PM_2^b 和 PM_3^b）组成。永磁体 PM_1^M、PM_2^M 沿 PM^b 轴线所在平面对称分布。图 8-3 为磁体分布方式及磁化方向，其中，PM^M 和 PM^b 间的水平距离为 D，PM_1^M 和 PM_2^M 之间的距离为 H，PM_1^M 和 PM_2^f 之间的距离为 H^{Mf}，PM_2^M 和 PM_1^f 之间的距离为 H^{ff}。永磁体的几何参数及剩磁强度列于表 8-1 中。PM_1^f 和 PM_2^f 之间的距离 H^{ff} 不变。然而，PM_1^M 与 PM_2^f 之间的距离 H^{Mf} 以及 PM^M 与 PM^b

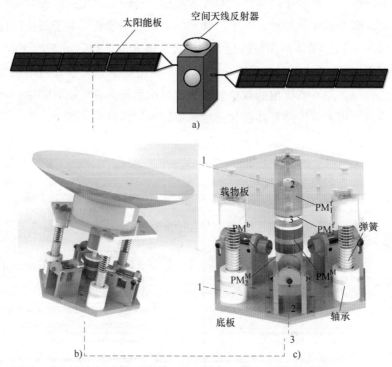

图 8-2 人造卫星及其双稳态磁刚度冲击隔振器三维图

a）人造卫星 b）天线反射器抗冲击隔振器 c）双稳态磁刚度冲击隔振器三维结构

之间的距离 D 可以调节。H^{Mf} 和 D 是控制磁刚度并实现双稳态特性的两个关键参数。H^{Mf} 的大小决定了系统是单稳态还是双稳态，D 则决定势能阱的形状。图中 M_f、M_M 和 M_b 的磁化方向表明 PM^M 与 PM^b 之间产生斥力。在磁力和线性弹簧力的相互作用下，两个静态稳定的平衡点存在于 PM^b 的上方或下方，而在两点之间存在一个不稳定的平衡点。

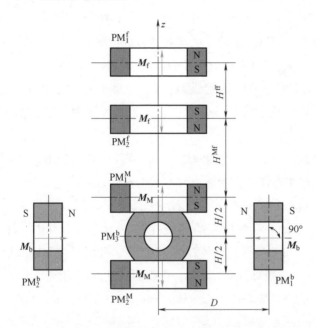

图 8-3　磁体沿 **1-2-3** 截面（图 8-2）的分布方式及其磁化方向

表 8-1　永磁体几何参数及剩磁强度

永磁体类型	内直径/mm	外直径/mm	高度/mm	剩磁强度/T
PM^b	4	15	10	1.03
PM^M	6	24.5	8	0.96
PM^f	8	28	10	1.19

8.3.2　非线性恢复力和势能

根据图 8-3 所示磁体的相对位置，可以计算出总的非线性磁力为

$$F_M = 3F_{PM^b,PM_1^M} - 3F_{PM^b,PM_2^M} - 3F_{PM^b,PM_2^f} + 3F_{PM^b,PM_1^f} \tag{8-1}$$

其中，F_{PM^b,PM^M} 表示 PM^b 和 PM^M 之间的非线性磁力在竖直方向的分量；F_{PM^b,PM^f} 表示 PM^b 和 PM^f 之间的非线性磁力[194]在竖直方向的分量。

由三根线性弹簧所提供的线性刚度与永磁体产生的非线性磁刚度并联，得到整个非线性恢复力为

$$F_R = F_M + k_s z \qquad (8\text{-}2)$$

其中，k_s 表示三根弹簧的总刚度，经测试 $k_s = 1956\text{N} \cdot \text{m}^{-1}$。

非线性磁力可以根据第 2 章和第 3 章介绍的方法计算。图 8-4 为不同 D 和 H 下的非线性磁力仿真结果，其中，$H = 13\text{mm}$，$H^{Mf} = 24.5\text{mm}$，$H^{ff} = 18\text{mm}$。为了提高计算精度，用以下七阶多项式对磁力进行拟合。

$$F_M(z) = f_0 + k_{11}z + k_2 z^2 + k_3 z^3 + k_4 z^4 + k_5 z^5 + k_6 z^6 + k_7 z^7 \qquad (8\text{-}3)$$

其中，f_0 是静态平衡位置的恒定磁力；z 是负载面相对于基平面的相对位移；k_{11} 表示由磁效应产生的等效线性刚度；相关非线性刚度系数 k_2、k_3、k_4、k_5、k_6 和 k_7 列于表 8-2 中。

非线性永磁合力及拟合结果如图 8-4a 所示，可以看出理论结果与拟合结果吻合良好。非线性恢复力为磁力与弹簧恢复力之和。

$$F_R(z) = f_0 + (k_{11} + k_s)z + k_2 z^2 + k_3 z^3 + k_4 z^4 + k_5 z^5 + k_6 z^6 + k_7 z^7 \qquad (8\text{-}4)$$

由图 8-4b 可知，系统恢复力曲线存在三个零点，其中，两个静态稳定点（原点两侧）和一个不稳定平衡点（原点），此时系统呈现双稳态特性。

将式（8-4）对相对位移 z 求导，可得非线性刚度为

$$K_R(z) = k_{11} + k_s + 2k_2 z + 3k_3 z^2 + 4k_4 z^3 + 5k_5 z^4 + 6k_6 z^5 + 7k_7 z^6 \qquad (8\text{-}5)$$

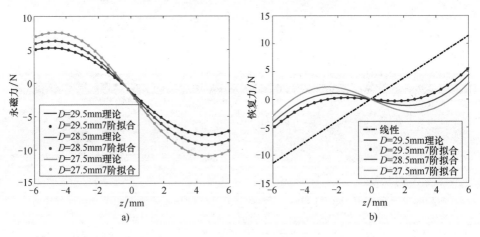

图 8-4 永磁力和恢复力的对比图

a）非线性永磁力随 D 和磁化方向变化的解析解与多项式拟合结果

b）非线性恢复力与线性恢复力的对比（其中，$H = 13\text{mm}$，$H^{Mf} = 24.5\text{mm}$，$H^{ff} = 18\text{mm}$）

表 8-2　不同 D，H^{Mf} 下的非线性刚度系数　（单位：$N \cdot m^{-1}$）

非线性刚度系数	($D = 28.5$，$H^{Mf} = 24.5$)	($D = 29.5$，$H^{Mf} = 24.5$)
k_{11}	−2645	−2193
k_2	−4153	−475
k_3	52783064	42565414
k_4	257668009	252145070
k_5	−393798004901	−303613211024
k_6	389719832395	45157861443
k_7	1270536416770348	947674795344684

将表 8-2 中的非线性恢复力重新画图，如图 8-5a、c 所示，积分可得势能

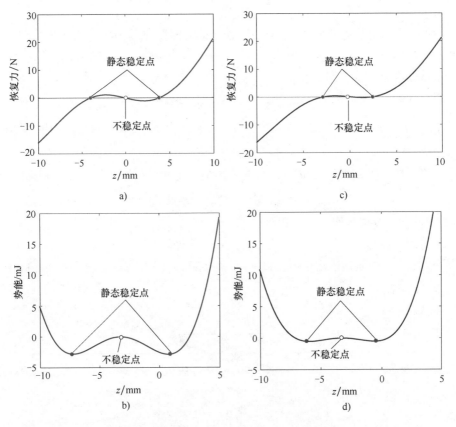

图 8-5　不同条件下的非线性恢复力和势能曲线

a）非线性恢复力　b）势能　c）非线性恢复力　d）势能

函数，如图 8-5b、d 所示。非线性恢复力的斜率在不稳定的平衡位置附近为负，呈现负刚度特性。然而，通过调节 D 和 H^{Mf} 值可以调节非线性恢复力和势能的形状。当 $D = 28.5$mm，$H^{Mf} = 24.5$mm，$H = 8$mm，$H^{ff} = 18$mm 时，势能阱较深，如图 8-5b 所示，此时系统的势垒高。当 $D = 29.5$mm，$H^{Mf} = 24.5$mm，$H = 8$mm，$H^{ff} = 18$mm 时，势能阱较浅，如图 8-5d 所示，此时系统的势垒低。因此，双稳态磁刚度隔振系统可通过调节 D 来调节势垒高度。较小的 D 会引起较高的势垒，反之亦然。另一方面，H^{Mf} 的变化导致了势能阱对称性的变化。由于永磁体 PM^f 影响非线性磁刚度，因此，势能阱的形状也受 H^{Mf} 影响。在非线性磁力和线性弹簧力的共同作用下，两个静态稳定点分布在永磁体 PM^b 的上下两侧。

8.3.3 理论建模

图 8-6 为双稳态磁刚度冲击隔振器的简化模型，其中，m 为等效质量，c 为黏弹性阻尼，k_s 为总线性刚度以及 K_M 为非线性刚度。该冲击隔振系统为单自由度非线性系统，静平衡时

$$k_s \Delta l + F_M(0) + mg = 0 \tag{8-6}$$

其中，Δl 为弹簧的静变形；$F_M(0)$ 为永磁在静平衡位置 0 处的常力，$F_M(0) = f_0$。

当系统受到基础激励 $\ddot{u}$ 时，根据牛顿第二定律可得系统的运动方程为

$$m\ddot{z} + c\dot{z} + k_s(\Delta l + z) + F_M(z) + mg = -m\ddot{u} \tag{8-7}$$

其中，$\ddot{z}$ 和 $\dot{z}$ 为相对加速度和相对速度。

将式（8-3）和式（8-6）代入式（8-7）可得

$$m\ddot{z} + c\dot{z} + k_1 z + k_2 z^2 + k_3 z^3 + k_4 z^4 + k_5 z^5 + k_6 z^6 + k_7 z^7 = -m\ddot{u} \tag{8-8}$$

其中，$k_1 = k_{11} + k_s$。

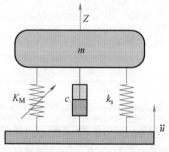

图 8-6 双稳态磁刚度冲击隔振器的简化模型

8.3.4　冲击传递率

工程中常采用各种冲击信号模拟不同的冲击，例如 rounded-step 位移冲击信号[24]，versed-sine 位移冲击信号[195]，半正弦加速度冲击信号[195]。本章采用改进后的半正弦加速度冲击信号来检验双稳态磁刚度冲击隔振器的抗冲击特性。图 8-7 为改进后的位移及相应加速度半正弦冲击信号，其中，$\tau = 5\text{ms}$，$A = 5g$。该信号的加速度形状函数可写为

$$\ddot{u} = \begin{cases} -\lambda A \sin\left(\dfrac{\pi}{\tau_1}t\right), & [0 \leqslant t \leqslant \tau_1] \\[2mm] A \sin\left[\dfrac{\pi}{\tau}(t-\tau_1)\right], & [\tau_1 \leqslant t \leqslant \tau_1+\tau] \\[2mm] -\lambda A \sin\left[\dfrac{\pi}{\tau_1}(t-\tau_1-\tau)\right], & [\tau_1+\tau \leqslant t \leqslant 2\tau_1+\tau] \end{cases} \tag{8-9}$$

其中，A 为加速度幅值；τ 为主冲击的持续时间；τ_1 为补偿脉冲的持续时间，$\tau_1 = 2.5\tau$；λ 为补偿信号的幅值比，$\lambda = 0.2$。

位移信号的形状函数可表达为

$$\hat{u}(t) = \begin{cases} \lambda A\left(\dfrac{\tau_1}{\pi}\right)^2 \sin\left(\dfrac{\pi}{\tau_1}t\right) - \lambda A \dfrac{\tau_1}{\pi}t, & [0 \leqslant t \leqslant \tau_1] \\[3mm] -A\left(\dfrac{\tau}{\pi}\right)^2 \sin\left[\dfrac{\pi}{\tau}(t-\tau_1)\right] - \lambda A \dfrac{\tau_1^2}{\pi}, & [\tau_1 \leqslant t \leqslant \tau_1+\tau] \\[3mm] \lambda A\left[\dfrac{\tau_1}{\pi}\right]^2 \sin\left[\dfrac{\pi}{\tau_1}(t-\tau_1-\tau)\right] + 2.5\lambda A \dfrac{\tau}{\pi}(t-\tau_1-\tau) - \lambda A \dfrac{\tau_1^2}{\pi}, \\[3mm] \hspace{7cm} [\tau_1+\tau \leqslant t \leqslant 2\tau_1+\tau] \end{cases}$$

$$\tag{8-10}$$

为了检验双稳态磁刚度隔振系统的抗冲击性能，定义了三种冲击传递率，即最大加速度比（maximum acceleration ratio，MAR）、最大绝对位移比（maximum absolute displacement ratio，MADR）和最大相对位移比（maximum relative displacement ratio，MRDR）[196]。

$$\text{MAR} = \frac{|\ddot{v}|_{\max}}{|\ddot{u}|_{\max}} = \frac{|\ddot{u}+\ddot{z}|_{\max}}{|\ddot{u}|_{\max}} \tag{8-11}$$

$$\text{MADR} = \frac{|v|_{\max}}{|u|_{\max}} = \frac{|u+z|_{\max}}{|u|_{\max}} \tag{8-12}$$

$$\text{MRDR} = \frac{|z|_{max}}{|u|_{max}} \tag{8-13}$$

其中，$v=u+z$ 为双稳态磁刚度隔振器的绝对位移。

最大加速度比 MAR 大于 1，则最大加速度响应被放大，表明隔振系统不能隔离外界冲击激励。绝对位移比 MADR 越小，表明隔振系统的抗位移冲击性能越好。若相对位移比 MRDR 较大，则表明隔振系统弹性元件的变形较大。

同时，也定义了冲击严酷等级参数 β。

$$\beta = \frac{\tau}{T/2} \tag{8-14}$$

其中，T 为线性隔振器的固有周期。

若 $\beta \ll 1$，则冲击持续时间远小于固有周期，表明隔振器输出响应小于激励冲击，该区域为冲击隔振区；若 β 在 1 附近，则冲击持续时间约等于固有周期，冲击信号被放大，该区域称为冲击放大区；若 $\beta \gg 1$，则冲击持续时间远大于固有周期，该过程为准静态加载过程，属于准静态区。

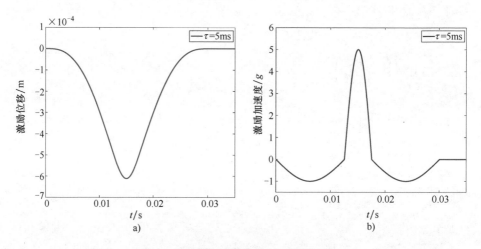

图 8-7　改进后的激励位移和激励加速度

a）激励位移　b）加速度半正弦冲击信号

8.4　数值仿真

该节基于三种冲击传递率及时域响应，数值分析被动式线性冲击隔振器和双稳态磁刚度冲击隔振系统的抗冲击性能，其中，质量 m 为 0.625kg，阻尼比

ζ 为 0.045，弹簧总刚度为 1905N·m^{-1}。仿真时其余参数见表 8-2。

8.4.1　势垒对抗冲击特性的影响

为了研究势垒对双稳态磁刚度系统抗冲击特性的影响规律，分析了系统在不同冲击最大幅值下的冲击响应。当脉冲持续时间为 11ms 时，图 8-8 为线性冲击隔振器及双稳态磁刚度冲击隔振系统在高势垒与低势垒下的绝对加速度和相对位移。当激励幅值为 1.0g 和 2.0g 时，双稳态磁刚度系统围绕初始位置进行阱内振动。低势垒的双稳态磁刚度冲击隔振系统最大峰值加速度小于高势垒系统，远小于线性冲击隔振器，表明在低幅冲击激励下，低势垒的双稳态磁刚度冲击隔振系统的抗冲击性能优于高势垒的情况，更优于线性冲击隔振器。当激波振幅为 4.0g 时，系统发生了一次突跳现象[197-199]。双稳态磁刚度冲击隔振

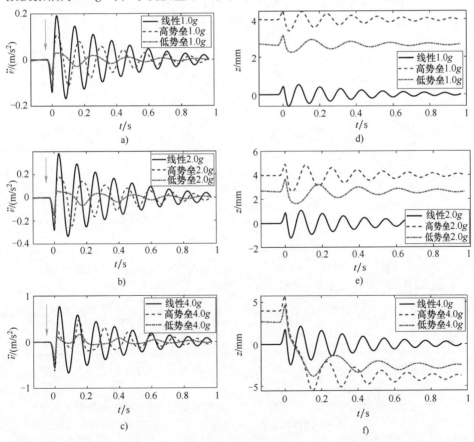

图 8-8　当冲击持续时间为 11ms 时，不同冲击加速度幅值下的加速度响应及相对位移响应
a) 1.0g 下的加速度响应　b) 2.0g 下的加速度响应　c) 4.0g 下的加速度响应
d) 1.0g 下的相对位移响应　e) 2.0g 下的相对位移响应　f) 4.0g 下的相对位移响应

系统从一个平衡位置突跳到另一个平衡位置，最终围绕新的平衡位置振荡。由于阱间振动所产生的大位移使得最大峰值加速度显著降低，因此，低势垒有利于降低高幅冲击激励下的最大峰值加速度。

8.4.2　阻尼比对抗冲击特性的影响

为了研究阻尼比 ζ 对双稳态磁刚度冲击隔振系统的抗冲击性能影响，将脉冲持续时间设定为 11ms。图 8-9 为冲击激励幅值分别为 1.0g、2.0g 和 4.0g时，不同阻尼比下双稳态磁刚度冲击隔振系统的加速度和相对位移响应。当激励幅值为 1g 或 2g，且阻尼比分别为 0.01、0.05 和 0.10 时，冲击隔振系统都

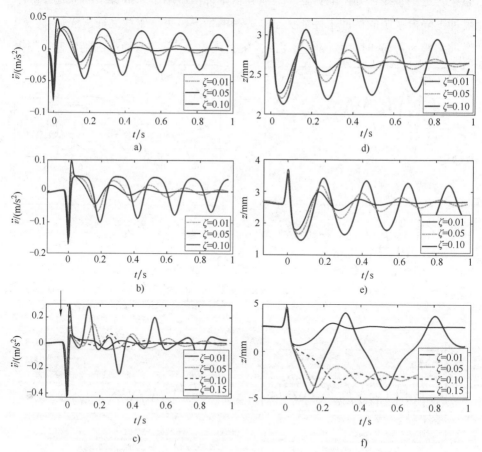

图 8-9　激励幅值分别为 1.0g、2.0g 和 4.0g 时，双稳态磁刚度冲击隔振系统在
不同阻尼比下的加速度响应和相对位移响应

a）1.0g 时加速度响应　b）2.0g 时加速度响应　c）4.0g 时加速度响应

d）1.0g 时相对位移响应　e）2.0g 时相对位移响应　f）4.0g 时相对位移响应

围绕初始平衡位置进行阱内振动，如图 8-9a、b、d 和 e 所示。最大加速度随阻尼比 ζ 的增大而减小，说明适当的阻尼比有利于抑制冲击加速度。另一方面，随着阻尼比的增加，位移响应衰减速度加快。当激励幅值为 $4g$ 时，在较小阻尼下冲击隔振系统会经历一次突跳，到达另外一个平衡位置，然后在阻尼的作用下，围绕新的平衡位置加速衰减。当阻尼比为 0.15 时，系统不会发生突跳现象，此时，位移响应较小，且以较快的速度围绕初始平衡位置衰减。从图 8-9c、f 也可以看出，较大阻尼有利于提升衰减速度，但并不利于抑制最大加速度峰值，因此，需要选择适当的阻尼。

8.4.3　冲击传递率

为了评估双稳态磁刚度冲击隔振系统的抗冲击性能，分别讨论了式（8-11）~式（8-13）引入的最大加速度比（MAR）、最大绝对位移比（MADR）和最大相对位移比（MRDR）三个指标。图 8-10 为激励幅值分别为 $1.0g$、$2.0g$ 和 $4.0g$ 时，线性和双稳态磁刚度冲击隔振系统 MAR、MADR 和 MRDR 曲线。可以看出，当 $\beta \leqslant 1$ 时，双稳态磁刚度冲击隔振系统的绝对加速度比小于线性隔振器，表明在隔振区双稳态磁刚度冲击隔振系统的抗冲击性能优于线性隔振。然而，随着 β 增大，线性隔振器在放大区域的性能优于双稳态刚度冲击隔振系统。此外，无论是在隔振区还是在放大区，双稳态磁刚度冲击隔振系统的绝对位移比都小于线性隔振器，且在隔振区双稳态磁刚度冲击隔振系统的相对位移比也小于线性隔振器。从这三个指标可以发现，当 β 到达一定值时，双稳态磁刚度冲击隔振系统的抗冲击性能优于线性隔振器。

8.4.4　动能与势能的关系

系统的势能可以通过恢复力对相对位移的积分得到，而动能 T 则为 $\frac{1}{2}m\dot{z}^2$。

图 8-11 为当激励幅值为 $2.0g$ 时，双稳态磁刚度冲击隔振系统围绕初始平衡位置进行阱内振动，位移响应较小，动能和势能均小于线性隔振器。此时，在低幅冲击激励下，双稳态磁刚度冲击隔振系统吸能能力弱于线性隔振器。当双稳态磁刚度冲击隔振系统在 $4.0g$ 冲击作用下，从初始平衡位置突跳至另一个平衡位置时，吸收的势能较多，残余动能极低，通过阻尼效应使得残余振动快速衰减。因此，双稳态的一次阱间振动运动有利于动能的吸收。

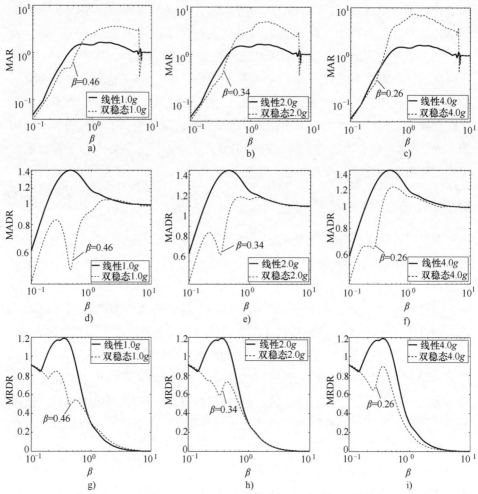

图 8-10　激励幅值分别为 **1.0g**、**2.0g** 和 **4.0g** 时，线性和双稳态
磁刚度冲击隔振系统的 **MAR**、**MADR** 和 **MRDR** 曲线图
a)~c) MAR　d)~f) MADR　g)~i) MRDR

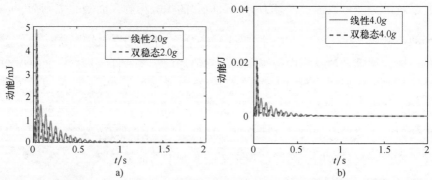

图 8-11　激励幅值为 **2.0g** 和 **4.0g** 时，线性和双稳态非线性冲击隔振器的动能和势能的对比图
a)、b) 动能对比图

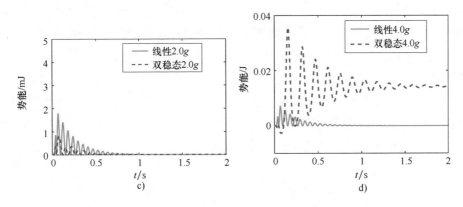

图 8-11　激励幅值为 **2.0**g 和 **4.0**g 时，线性和双稳态非线性冲击
隔振器的动能和势能的对比图（续）

c)、d)　势能对比图

8.4.5　势能函数形状对抗冲击特性影响

通过调节竖直方向永磁体的距离，双稳态磁刚度冲击隔振系统出现不对称
势能，如图 8-12 所示。当冲击持续时间和阻尼比分别设为 11ms 和 0.045 时，
图 8-13 为线性隔振器和双稳态磁刚度冲击隔振系统在冲击激励幅值分别为
1.0g、2.0g 和 5.0g 下加速度与相对位移响应。可以看出，当冲击激励幅值分
别为 1.0g、2.0g 时（低幅激励），双稳态磁刚度冲击隔振系统处于阱内振动，
而冲击激励幅值增大至 5.0g 时，双稳态磁刚度冲击隔振系统进行一次突跳，

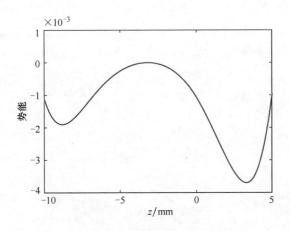

图 8-12　不对称势能函数

最终围绕第二个平衡位置振动（图 8-13f）。图 8-13a、c 为当激励幅值为 1.0g 和 2.0g 时，线性隔振和双稳态磁刚度冲击隔振系统的加速度响应。双稳态磁刚度冲击隔振系统的最大峰值加速度相对于输入激励和线性隔振器而言明显下降，残余振动衰减更快，如图 8-13b、d 所示。当激励幅值为 5.0g 时，图 8-13e、f 表明双稳态磁刚度冲击隔振系统在经历一次突跳之后，最大峰值加速度明显下降，残余振动衰减极快，表明，在允许位移范围内，双稳态磁刚度冲击隔振系统的抗冲击性能优于线性隔振器。

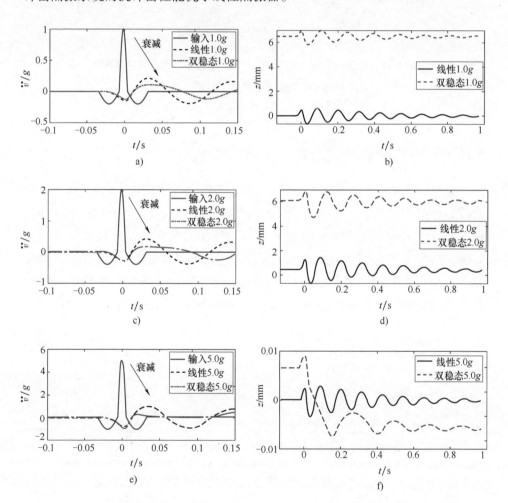

图 8-13　激励幅值分别为 **1.0g、2.0g** 和 **5.0g** 时，线性和双稳态非线性冲击隔振器
（非对称阱）的加速度时域响应和相对位移时域响应

a）1.0g 时加速度时域响应　b）1.0g 时相对位移时域响应　c）2.0g 时加速度时域响应
d）2.0g 时相对位移时域响应　e）5.0g 时加速度时域响应　f）5.0g 时相对位移时域响应

8.5　双稳态磁刚度冲击隔振系统的抗冲击试验

本节试验研究了双稳态磁刚度冲击隔振系统的抗冲击性能，图 8-14 为冲击试验系统照片。所设计的冲击隔振器安装在激振器（型号：200N TIRA vib）上。输入加速度传感器安装在基平面，进行输入信号的采集。同时，该加速度传感器采集的信号与控制器构成闭环系统，确保实际输入信号的准确性。输出加速度传感器用于测量响应的加速度。激光位移传感器用于采集振动位移信号，由示波器（型号：TBS-2000 series）采集。其中，输入位移信号由 IL-065 激光位移传感器以及 IL-1000 激光位移传感器采集，输出位移信号由 LK-G80 激光位移传感器以及 LK-GD500 激光位移控制器采集。测试原理跟前面章节所用的方法相似，不同之处在于此时使用半正弦冲击信号作为输入激励。

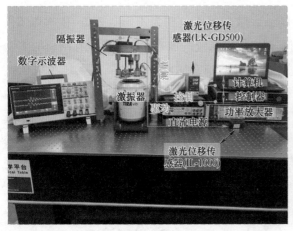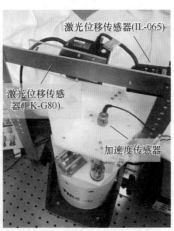

图 8-14　双稳态磁刚度冲击隔振系统的冲击特性试验照片

首先对比了激励加速度及位移冲击信号的理论与试验结果，如图 8-15 所示，其中，点线为理论结果，实线为试验结果。可以发现，测试与理论的加速度结果吻合良好。然而相应的位移结果有一定误差，试验中的最大位移小于理论最大位移。

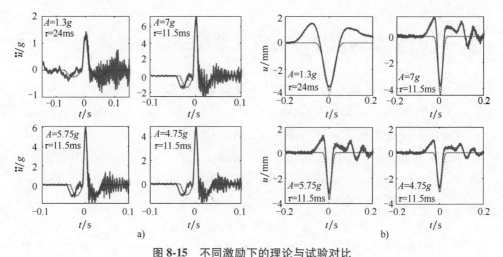

图 8-15　不同激励下的理论与试验对比

a）基础半正弦冲击加速度激励的理论与试验对比　b）位移冲击信号的理论与试验对比

8.5.1　势垒的影响

图 8-16 为当冲击持续为 11ms、激励幅值分别为 1.5g、2.0g 和 4.0g 时，线性冲击隔振器和双稳态磁刚度冲击隔振系统的加速度与相对位移响应的试验结果。当激励幅值为 1.5g 和 2.0g 时，双稳态磁刚度冲击隔振系统为阱内振动；激励幅值为 4.0g 时，双稳态磁刚度冲击隔振系统进行一次突跳，从初始平衡位置跳跃至新的平衡位置振动，并最终衰减。双稳态磁刚度冲击隔振系统的最大加速度和位移小于线性隔振器，相应的衰减时间也小于线性隔振器，表明双稳态特性能有效提升冲击隔振性能。此外，具有低势垒的双稳态磁刚度冲击隔振系统的最大加速度小于高势垒系统，表明相对较低的势垒有利于冲击隔振。

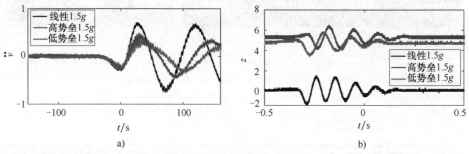

图 8-16　冲击持续时间为 11ms，阻尼比为 0.045，冲击加速度幅值分别为

1.5g、2.0g 和 4.0g 时测试的加速度时域响应和相对位移时域响应

a）1.5g 时加速度时域响应　b）1.5g 时相对位移时域响应

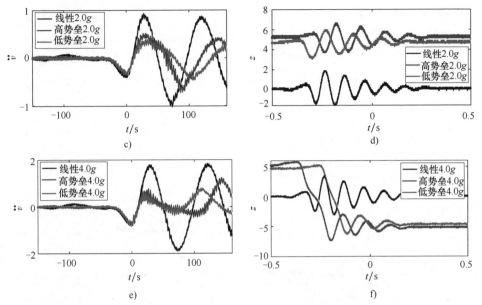

图 8-16　冲击持续时间为 **11ms**，阻尼比为 **0.045**，冲击加速度幅值分别为

1.5g、**2.0g** 和 **4.0g** 时测试的加速度时域响应和相对位移时域响应（续）

c）2.0g 时加速度时域响应　d）2.0g 时相对位移时域响应

e）4.0g 时加速度时域响应　f）4.0g 时相对位移时域响应

8.5.2　冲击持续时间

当冲击激励幅值为 2.0g，其他参数保持不变时，研究了脉冲持续时间对抗冲击隔振性能的影响。图 8-17 为双稳态磁刚度冲击隔振系统在脉冲持续时间分别为 11.0ms、11.5ms、12.0ms 和 12.5ms 时的加速度与相对位移响应。

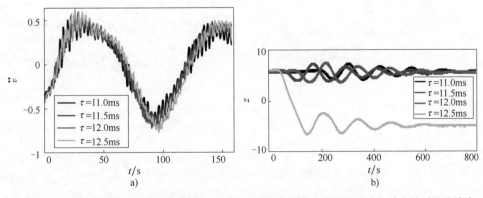

图 8-17　不同冲击持续时间下双稳态磁刚度冲击隔振系统的冲击加速度响应和冲击绝对位移响应

a）冲击加速度响应　b）冲击绝对位移响应

可以看出，冲击持续时间较长时，加速度响应幅值较大，位移响应幅值随着冲击持续时间的增加影响不大，但其相位存在较大的差距。当冲击持续时间为 12.5ms 时，该双稳态磁刚度冲击隔振系统发生一次突跳，至另一个平衡位置振荡并迅速衰减，其衰减速度高于阱内振动，表明突跳产生的一次阱间振动有利于冲击隔振，并加快衰减速度。

8.5.3 势能函数形状

当冲击持续为 11ms，激励幅值分别为 1.0g、2.0g 和 3.5g 时，图 8-18 为

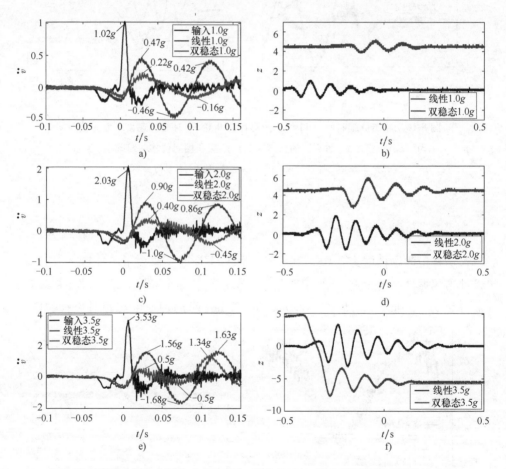

图 8-18 当激励幅值分别为 **1.0g、2.0g 和 3.5g** 时，线性和双稳态磁刚度冲击隔振系统在不对称势能函数下的加速度响应和相对位移响应

a)、c)、e) 加速度响应 b)、d)、f) 相对位移响应

试验所得的线性冲击隔振器和双稳态磁刚度冲击隔振系统的加速度与相对位移响应，可以看出，具有不对称势能函数的双稳态磁刚度冲击隔振系统的最大加速度和振动衰减时间均小于线性隔振器。当激励幅值分别为 $1.0g$ 时，线性隔振器的最大加速度降低了约 54%，而双稳态磁刚度冲击隔振降低了约 78%；当激励幅值分别为 $2.0g$ 时，线性隔振器的最大加速度降低了约 51%，双稳态磁刚度冲击隔振系统同样降低了约 78%；当激励幅值为 $3.5g$ 时，双稳态磁刚度冲击隔振系统经历一次突跳，最大加速度减小了约 86%，而线性系统减小了 52%。试验结果表明，阱间运动产生的大位移可以使系统获得更好的抗冲击性能。此外，三种激励下的位移响应也表明双稳态磁刚度冲击隔振系统的残余振动衰减时间也比线性隔振器小，即双稳态系统在受到冲击激励时能够更快地稳定下来。

8.6　本章小结

本章研究了双稳态磁刚度冲击隔振系统的抗冲击特性，系统建立了冲击隔振系统的理论模型，引入了三种冲击传递率以检验双稳态磁刚度冲击隔振系统的抗冲击特性等。随后，研究了势垒、冲击持续时间及非对称势能函数对双稳态磁刚度冲击隔振系统的影响规律。结果表明：①低势垒的双稳态磁刚度冲击隔振系统的最大峰值加速度小于高势垒的系统，且二者均小于线性隔振器。②由于阱间运动产生较大的位移，因此，双稳态磁刚度冲击隔振具有较强的缓冲吸能能力，并且在受到冲击激励时能更快地稳定下来。③双稳态磁刚度冲击隔振系统在受到冲击时的一次阱间运动有利于冲击隔振。本章主要讨论了双稳态系统对冲击振动的抑制能力，为冲击隔振提供了新的思路。

Chapter 9

第 **9** 章

双稳态磁刚度隔振系统的阻尼调控方法

9.1 引言

　　第 6 章通过对调磁体极性发现了磁刚度非线性隔振结构特殊的双稳态和单稳态特性，随后重点介绍了双稳态磁刚度隔振系统的动力学行为，试验发现双稳态系统的阱间振动可以在传递率曲线产生"谷"响应现象，在低频"谷"区域，系统的振动得到有效抑制，这是有利于隔振的一个方面。但是，第 6.5节的研究也表明，双稳态磁刚度隔振系统随激励幅值、激励频率的变化会产生复杂的动力学行为，如突跳现象、混沌振动、亚谐波与超谐波振动、阱间振动以及阱内振动等，这些现象一般不利于隔振[5]。第 7 章系统建立了双稳态低频隔振理论，给出了分析一般双稳态隔振系统的理论模型与隔振性能评估方法，研究发现，双稳态隔振系统的隔振性能受势垒、初始条件以及初始位置的影响。尽管大幅阱间振动在一定程度上可以有效抑制冲击响应的最大峰值，但并不一定完全适用于精密仪器等的隔振。

　　在动力学系统中，阻尼是一种有效调节系统的振动形态方式。第 5 章中已经引入了电磁分支电路阻尼振动控制方法，可以有效调控磁刚度非线性隔振系统的振动形态，抑制跳跃等不稳定的动力学行为，使系统处于稳定的周期性振动形态中，保证隔振带宽和性能。但对于双稳态磁刚度隔振系统而言，目前尚缺乏有效方式来调控突跳、混沌振动、阱间振动等强非线性行为，导致双稳态磁刚度隔振方法的应用前景受到了限制。

　　针对以上问题，本章将负电阻电磁分支电路阻尼振动控制方法引入至双稳态磁刚度隔振系统，建立了力-电-磁耦合模型及控制系统的理论模型。在此基础上，分析了负电阻、机电耦合系数等参数对双稳态磁刚度隔振系统隔振特性以及动力学行为调控规律。最后，设计了试验系统，对基于电磁分支电路阻尼的双稳态磁刚度隔振系统隔振特性进行试验研究，为双稳态磁刚度隔振系统从理论走向工程应用奠定了坚实的理论和试验基础。

9.2　基于电磁分支电路阻尼的双稳态磁刚度隔振系统模型

9.2.1　结构模型

第 3、4、5、6、8 章分别介绍了由多个永磁体构建的磁刚度非线性隔振结构，也在第 6 章中介绍了一种沿轴向对称分布磁体的双稳态结构，如图 6-1 所示。本章以第 5 章介绍的不对称磁刚度为基础（图 5-11），将中间永磁体的极性对调，可以获得双稳态磁刚度隔振结构，如图 9-1 所示。该结构主要由六个轴向磁化的环形永磁体、一个线圈、三个直线弹簧和直线轴承、基板、负载板、三个磁刚度调节装置组成。永磁体主要用于实现非线性刚度，获得双稳态特性。顶端极性相反的两个永磁体（PM^T）用于增大磁通密度，进而提高隔振器的电磁耦合系数。安装在可调装置上的永磁体（PM^a）用于调节系统的势能。三个可调装置沿周向均匀安装在基板上，用于调节永磁体间的距离。竖直分布的永磁体（PM^T）与周向分布的永磁体（PM^a）轴线互相垂直。

图 9-1　双稳态磁刚度隔振系统

a）双稳态磁刚度隔振系统三维模型　b）磁体分布图

图 9-1b 为双稳态磁刚度隔振系统的磁体分布图，可以看出，永磁体 PM^b 和 PM^a 之间为斥力，PM^T_2 和 PM^b 之间为斥力，PM^T_1 和 PM^b 之间为吸力。磁刚度非线性隔振系统的双稳态特性通过调节永磁体之间的相对位置获得。负载的尺寸没有特别的要求，但质心应与负载板的中心重合，用以防止隔振器的倾覆。

9.2.2 非线性恢复力及势能

图 9-2 为永磁体之间的相对位置，非线性磁力可通过式（9-1）计算

$$F_{\mathrm{M}} = 3F_{\mathrm{PM}^{\mathrm{b}},\mathrm{PM}^{\mathrm{a}}} - 3F_{\mathrm{PM}^{\mathrm{b}},\mathrm{PM}_1^{\mathrm{T}}} + 3F_{\mathrm{PM}^{\mathrm{b}},\mathrm{PM}_2^{\mathrm{T}}} \tag{9-1}$$

式中，$F_{\mathrm{PM}^{\mathrm{b}},\mathrm{PM}^{\mathrm{a}}}$ 为磁体 PM^{b} 和 PM^{a} 之间的非线性磁力在竖直方向的分量；$F_{\mathrm{PM}^{\mathrm{b}},\mathrm{PM}_1^{\mathrm{T}}}$ 为永磁体 PM^{b} 和 $\mathrm{PM}_1^{\mathrm{T}}$ 之间的非线性磁力在竖直方向的分量；$F_{\mathrm{PM}^{\mathrm{b}},\mathrm{PM}_2^{\mathrm{T}}}$ 为永磁体 PM^{b} 和 $\mathrm{PM}_2^{\mathrm{T}}$ 之间的非线性磁力在竖直方向的分量。任意两个环形永磁体之间的非线性磁力计算可参考文献[133]。

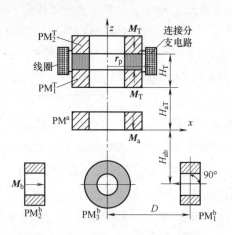

图 9-2　永磁体间的相对位置分布

将所有的永磁体从隔振器中去除，测得三弹簧的刚度为 $k_0 = 2021\mathrm{N} \cdot \mathrm{m}^{-1}$。磁体间的磁力可通过测力计获取，相关方法请见第 2.4.3 节。重复测力步骤，可以测得图 9-1 中磁结构沿轴向的永磁力。若以多项式形式描述非线性刚度，则极大简化双稳态磁刚度隔振系统的动力学分析过程。利用简化的三次方力的表达式可以有效分析非线性俘能器[200,201]，准零刚度隔振器[14,17,50,202]和双稳态系统[82,203]的特性。对于对称的势能，多项式中的偶数次项可以忽略。考虑本设计磁结构沿轴向不对称分布，且双稳态隔振系统处于阱间振动时具有较大的位移[76]，因此，本章采用五阶多项式对非线性磁力进行拟合[204]。

$$F_{\mathrm{R}} = k_0 z + 3F_{\mathrm{PM}^{\mathrm{b}},\mathrm{PM}^{\mathrm{a}}} - 3F_{\mathrm{PM}^{\mathrm{b}},\mathrm{PM}_1^{\mathrm{T}}} + 3F_{\mathrm{PM}^{\mathrm{b}},\mathrm{PM}_2^{\mathrm{T}}} \tag{9-2}$$

非线性磁力与三弹簧的弹性力之和为 $k_0 \Delta l_0 + F_{\mathrm{M}0} + \sum\limits_{i=1}^{5} k_i z^i$。在非稳定点 $z = 0$ 处有

$$k_0 \Delta l_0 + F_{M0} = mg$$

式中，Δl_0 为弹簧在非稳定平衡点处的静态变形。因此，系统的非线性恢复力可近似表达为

$$F_R = k_1 z + k_2 z^2 + k_3 z^3 + k_4 z^4 + k_5 z^5 \tag{9-3}$$

式中，$k_1 = k_{m1} + k_0$。

图 9-3a 为非线性恢复力在 $D = 24.9 \mathrm{mm}$ 及 $H_{ab} = 9 \mathrm{mm}$ 时的计算和测试结果。可以看出计算和测试结果基本吻合，相应的等效非线性刚度系数见表 9-1。

对式（9-3）积分可得系统的势能函数：

$$U = \frac{1}{2} k_1 z^2 + \frac{1}{3} k_2 z^3 + \frac{1}{4} k_3 z^4 + \frac{1}{5} k_4 z^5 + \frac{1}{6} k_5 z^6 \tag{9-4}$$

根据近似等效刚度系数和式（9-4），可以计算得到系统的势能，如图 9-3b 所示。可以看出，势能具有双阱特征，表明隔振器为一种双稳态隔振器，且势能为非对称形式。左侧平衡点记为 z_1，右侧平衡点记为 z_2，二者之间的距离约为 4.9mm。

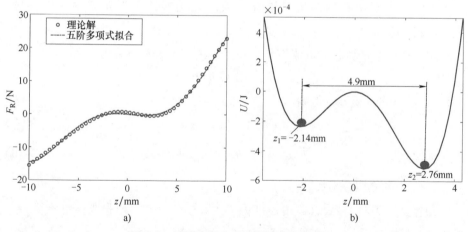

图 9-3 系统恢复力曲线及势能函数曲线

a) 非线性恢复力 b) 系统的势能

表 9-1 五阶多项式拟合的非线性刚度系数

刚度系数	数值
k_1	-237.34
k_2	-3.13×10^4
k_3	4.11×10^7
k_4	7.66×10^8
k_5	-1.98×10^{11}

9.2.3 电磁耦合建模

由于线圈与激励板固定在一起，因此，永磁体 PM^b 与线圈之间并无相对运动，如图 9-1a 所示。只需考虑线圈与磁体 PM^T 之间的电磁耦合即可。当永磁体 PM^T 与线圈之间产生相对运动时，根据法拉第电磁感应定律[163]，线圈两端产生电动势为

$$\mathrm{d}V_e = N(\dot{z} \times \boldsymbol{B})\, \mathrm{d}l \tag{9-5}$$

式中，N 为线圈的匝数；$\dot{z}$ 为永磁体 PM^T 与线圈之间的相对速度；$\boldsymbol{B}$ 为线圈上任一点的磁感应强度，为通过两个永磁体在线圈处的磁感应强度之和。

对式（9-5）积分可得

$$V_e = \dot{z}N \int_l B_{\mathrm{pr}}\mathrm{d}l = \dot{z}C_e \tag{9-6}$$

$$C_e = N \cdot R_{\mathrm{p}} \int_0^{2\pi} B_{\mathrm{pr}}\,\mathrm{d}\phi \tag{9-7}$$

式中，C_e 为本电磁结构的机电耦合系数；B_{pr} 为线圈上任意点的剩磁强度，$B_{\mathrm{pr}} = B_{\mathrm{r,PM}_1^T} + B_{\mathrm{r,PM}_2^T}$。

闭合线圈会产生感应电流 $I(t)$，所产生的安培力可以写为

$$\mathrm{d}\boldsymbol{F} = NI(t)\,\mathrm{d}\boldsymbol{l} \times \boldsymbol{B} \tag{9-8}$$

对式（9-8）积分，得到

$$\boldsymbol{F} = -z \cdot C_m I(t) \tag{9-9}$$

$$C_m = N \cdot R_{\mathrm{p}} \int_0^{2\pi} B_{\mathrm{pr}}\,\mathrm{d}\phi \tag{9-10}$$

式中，C_m 为电磁耦合系数。

根据式（9-7）和式（9-10）可得 $C_e = C_m$ [112]。另一种非线性电磁耦合系数 C_m 的设计方式可参见文献[205]。

图 9-4 为当 $N = 2000$ 圈及 $H_T = 18\mathrm{mm}$ 时 C_m 随相对位移 z 变化时的曲线，可以看出，C_m 呈非线性变化。当位移较大时，C_m 应为非线性变量而不是简单的常数[115]。当振动位移较小时，可将 C_m 简化为常数，这样可以简化分析过程。采用傅里叶级数和多项式来近似拟合 C_m，如下：

$$C_m \approx p_0 + p_1\cos(\omega_c z) \approx c_0 + c_1 z^2 \tag{9-11}$$

式中，$p_0 = 50.8$，$p_1 = 24.6$，$\omega_c = 166.1$，$c_0 = 73.85$，$c_1 = -2.365 \times 10^5$。可以发现，两种拟合方式均具有较好的精度。

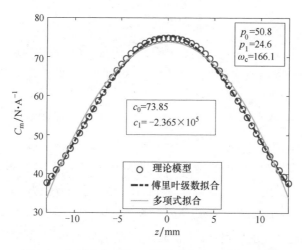

图 9-4　电磁耦合系数 C_m 随相对位移 z 的变化规律

9.3　理论建模

9.3.1　非线性电磁分支电路阻尼

已经证明引入负电阻电路可以提高线性系统的隔振性能[57,58]。本部分将负电阻电磁分支电路阻尼进一步引入到双稳态磁刚度隔振系统，图 9-5a 为负电阻分支电路的原理图。当 $R_1 = R_2$ 时，负电阻值为 $-R_\mathrm{s}$[158]，等效电路如图 9-5b 所示。根据基尔霍夫定律可得电路的控制方程

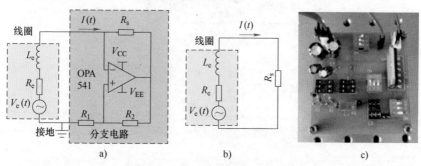

图 9-5　电路原理图及实物图

a）负电阻电磁分支电路的原理图　b）包含线圈和等效负电阻分支电路的闭合回路

c）分支电路实物图

$$L_e \frac{\mathrm{d}I}{\mathrm{d}t} + (R_e + R_s)I - V_e = 0 \qquad (9\text{-}12)$$

式中，L_e 和 R_e 为线圈的等效电感和电阻；R_s 为分支电路的等效负电阻。

图 9-5c 为分支电路实物图。根据式（9-11），电磁耦合系数 C_m 是非线性的，因此所产生的阻尼也为非线性。

9.3.2 耦合系统的运动方程

图 9-6 为基于非线性电磁分支电路阻尼的双稳态磁刚度隔振系统理论模型，当隔振系统受到加速度为 $\ddot{z}_b$ 的基础激励时，运动方程为

$$m\ddot{z} + c\dot{z} + k_1 z + k_2 z^2 + k_3 z^3 + k_4 z^4 + k_5 z^5 + C_m I = -m\ddot{z}_b \qquad (9\text{-}13)$$

式中，m 为隔振系统的质量；z 为负载板与激励板之间的相对位移，$z=0$ 为非稳定平衡点；k_1 为包含弹簧刚度和非线性磁力的等效线性刚度；c 为黏弹性阻尼，包含结构阻尼和电涡流阻尼两部分[206]。

将式（9-11）代入式（9-12）与式（9-13），则系统的控制方程可以转换为以下形式

$$m\ddot{z} + c\dot{z} + k_1 z + k_2 z^2 + k_3 z^3 + k_4 z^4 + k_5 z^5 + [p_0 + p_1 \cos(\omega_c z)]I = -m\ddot{z}_b \qquad (9\text{-}14)$$

$$L_e \frac{\mathrm{d}I}{\mathrm{d}t} + (R_e + R_s)I - [p_0 + p_1 \cos(\omega_c z)]\dot{z} = 0 \qquad (9\text{-}15)$$

式（9-14）表明安培力可作为一种阻尼力进行振动控制[112]。因此，系统阻尼可通过负电阻 R_s 进行调节。

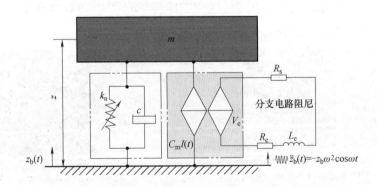

图 9-6 基于非线性电磁分支电路阻尼的双稳态磁刚度隔振系统理论模型

负载板的绝对位移为 $z+z_b$，因此，基于非线性电磁分支电路阻尼的双稳态磁刚度隔振的传递率可以用式（9-16）进行计算：

$$T = \left| \frac{z+z_b}{z_b} \right| \tag{9-16}$$

9.3.3　幅频响应关系

由于式（9-14）和式（9-15）包含余弦项 $c_1\cos(\omega t)$，求解其频响函数并不容易。因此，采用 $C_m \approx c_0 + c_1 z^2$ 进行求解。当基础激励为 $\ddot{z}_b = -z_b\omega^2\cos\omega t$ 时，式（9-14）和式（9-15）可改为

$$m\ddot{z}+c\dot{z}+k_1z+k_2z^2+k_3z^3+k_4z^4+k_5z^5+(c_0+c_1z^2)I=m\omega^2z_b\cos\omega t \tag{9-17}$$

$$L_e\frac{dI}{dt}+(R_e+R_s)I-(c_0+c_1z^2)\dot{z}=0 \tag{9-18}$$

谐波平衡法可较为准确地估计双稳态系统的响应[81,203]。因此，本章继续采用该方法推导系统的幅频响应关系。假设位移和电路中的电流如下：

$$z=d+a\sin(\omega t)+b\cos(\omega t) \tag{9-19}$$

$$I=p\sin(\omega t)+q\cos(\omega t) \tag{9-20}$$

式中，$a^2+b^2=r^2$，记作位移幅值。

位移 z 和电流 I 对时间的导数为

$$\begin{cases} \dot{z}=\dot{d}+(\dot{a}-\omega b)\sin(\omega t)+(\omega a+\dot{b})\cos(\omega t) \\ \ddot{z}=(-2\omega\dot{b}-\omega^2 a)\sin(\omega t)+(2\omega\dot{a}-\omega^2 b)\cos(\omega t) \\ \dot{I}=(\dot{p}-\omega q)\sin(\omega t)+(\omega p+\dot{q})\cos(\omega t) \end{cases} \tag{9-21}$$

将式（9-19）~式（9-21）代入式（9-17）中，忽略高阶导数，可获得 $\cos\omega t$，$\sin\omega t$ 的系数以及常数项

$$-c\dot{d}=\frac{1}{2}r^2k_2+\frac{3}{8}r^4k_4+\left[(ap+bq)c_2+k_1+\frac{3}{2}r^2k_3+\frac{15}{8}r^4k_5\right]d+(k_2+3r^2k_4)d^2+$$
$$(k_3+5r^2k_5)d^3+k_4d^4+k_5d^5 \tag{9-22}$$

$$-c\dot{a}+2m\omega\dot{b}=aQ_1-c\omega b+p\left(c_0+\frac{3}{4}a^2c_1+\frac{1}{4}b^2c_1+d^2c_1\right)+\frac{1}{2}abqc_1 \tag{9-23}$$

$$-2m\omega\dot{a}-c\dot{b}+mz_0\omega^2=bQ_1+c\omega a+q\left(c_0+\frac{1}{4}a^2c_1+\frac{3}{4}b^2c_1+d^2c_1\right)+\frac{1}{2}abpc_1 \tag{9-24}$$

式中

$$Q_1=(k_1-m\omega^2)+2dk_2+\frac{3}{4}(r^2+4d^2)k_3+d(3r^2+4d^2)k_4+\frac{5}{8}(r^4+12r^2d^2+8d^4)k_5 \tag{9-25}$$

对式（9-18）采用相同计算，可得到

$$\Gamma \dot{a}+\frac{1}{2}abc_1\dot{b}+2adc_1\dot{d}-L_e\dot{p}=\Lambda b-\omega qL_e+p(R_e+R_s) \tag{9-26}$$

$$\Gamma \dot{b}+\frac{1}{2}abc_1\dot{a}+2bdc_1\dot{d}-L_e\dot{q}=-\Lambda a+\omega pL_e+q(R_e+R_s) \tag{9-27}$$

式中 $\Lambda=\omega c_0+\frac{1}{4}\omega r^2c_1+\omega c_1d^2$，$\Gamma=c_0+\frac{1}{4}a^2c_1+\frac{3}{4}b^2c_1+d^2c_1$

双稳态系统在稳态响应下参数对时间的一阶导数可视为零，因此，式（9-22）~式（9-27）可重写为

$$0=\frac{1}{2}r^2k_2+\frac{3}{8}r^4k_4+\left[(ap+bq)c_1+k_1+\frac{3}{2}r^2k_3+\frac{15}{8}r^4k_5\right]d+(k_2+3r^2k_4)d^2+(k_3+$$

$$5r^2k_5)d^3+k_4d^4+k_5d^5 \tag{9-28}$$

$$0=aQ_1-c\omega b+p\left(c_0+\frac{3}{4}a^2c_1+\frac{1}{4}b^2c_1+d^2c_1\right)+\frac{1}{2}abqc_1 \tag{9-29}$$

$$mz_0\omega^2=bQ_1+c\omega a+q\left(c_0+\frac{1}{4}a^2c_1+\frac{3}{4}b^2c_1+d^2c_1\right)+\frac{1}{2}abpc_1 \tag{9-30}$$

$$0=\Lambda b-\omega qL_e+p(R_e+R_s) \tag{9-31}$$

$$0=-\Lambda a+\omega pL_e+q(R_e+R_s) \tag{9-32}$$

求解式（9-31）和式（9-32），可得

$$\begin{cases} p=U\omega(-b(R_e+R_s)+L_e\omega a) \\ q=U\omega(a(R_e+R_s)+L_e\omega b) \end{cases} \tag{9-33}$$

式中

$$U=\frac{c_0+c_1(a^2+b^2)/4+c_1d^2}{(L_e\omega)^2+(R_e+R_s)^2}$$

将式（9-33）代入式（9-28）~式（9-30）中，将式（9-29）和式（9-30）平方并相加，可得

$$k_5d^5+k_4d^4+(k_3+5k_5r^2)d^3+\left(\frac{1}{2}k_2+3k_4r^2\right)d^2+\left(k_1+\frac{3}{2}k_3r^2+\frac{15}{8}k_5r^4\right)d+$$

$$\left(\frac{1}{2}k_2r^2+\frac{3}{8}k_4r^4\right)=0 \tag{9-34}$$

$$r^2\left[P^2+(Q_1+Q_2)^2\right]=(mz_0\omega^2)^2 \tag{9-35}$$

$$\cos\theta=\frac{r(Q_1+Q_2)}{mz_0\omega^2} \tag{9-36}$$

式中，θ 为位移 z 的相位。

$$P = c\omega + c_0 U\omega (R_e + R_s) + \frac{1}{4} c_1 U\omega r^2 (R_e + R_s) + (R_e + R_s) c_1 U\omega d^2 \qquad (9\text{-}37)$$

$$Q_2 = U\omega^2 L_e \left(c_0 + \frac{3}{4} c_1 r^2 + c_1 d^2 \right) \qquad (9\text{-}38)$$

式（9-37）包含两个未知项 d 和 r，常数项 d 可通过求解式（9-34）获得。当双稳态磁刚度隔振系统的响应为阱间振动且具有对称势能时，d 为零。$d \neq 0$ 表示双稳态磁刚度隔振系统的势能不对称。

双稳态磁刚度隔振器的绝对位移为

$$z_a = z + z_b = (z_b + r\cos\theta)\cos\omega t - r\sin\theta\sin\omega t \qquad (9\text{-}39)$$

幅值为 $\sqrt{z_b^2 + 2z_b r\cos\theta + r^2}$。最终，基于电磁分支电路阻尼的双稳态磁刚度隔振器的位移传递率为

$$T = \left| \frac{z_a}{z_b} \right| = \sqrt{1 + \left(\frac{r}{z_b} \right)^2 + 2\left(\frac{r}{z_b} \right)\cos\theta} \qquad (9\text{-}40)$$

9.3.4　稳定性分析

由上一节的分析可知，双稳态磁刚度系统的近似解析解是多解问题，存在稳定解和不稳定解两类。如式（9-35）中的相对位移 r 有十个解，其中仅有几个具有物理意义，需要通过稳定性分析进行判别。为了确定稳定解，需将式（9-22）～式（9-24）、式（9-26）、式（9-27）重写成如下矩阵形式[203]：

$$\boldsymbol{A}\dot{\boldsymbol{z}} = \boldsymbol{F}(\boldsymbol{z}) \qquad (9\text{-}41)$$

式中，矢量 $\boldsymbol{z} = [d, a, b, p, q]^\mathrm{T}$。

式（9-41）可写为如下形式

$$\dot{\boldsymbol{z}} = \boldsymbol{\gamma}(\boldsymbol{z}) \qquad (9\text{-}42)$$

式中，$\boldsymbol{\gamma}(\boldsymbol{z}) = \boldsymbol{A}^{-1}\boldsymbol{F}(\boldsymbol{z})$。

可以通过取 $\boldsymbol{\gamma}(\boldsymbol{z})$ 的雅可比矩阵来判断解的稳定性[169]：

$$\boldsymbol{J} = \left. \frac{\partial \boldsymbol{\gamma}}{\partial \boldsymbol{z}} \right|_{\boldsymbol{z}=\boldsymbol{z}_1} \qquad (9\text{-}43)$$

$\boldsymbol{z}_1$ 的值可通过求解式（9-22）～式（9-24）、式（9-26）、式（9-27）获得。若雅可比矩阵的特征值实部均为负数，则对应的解稳定。

9.4　数值仿真

本节采用解析法和数值法对基于电磁分支电路阻尼的双稳态磁刚度隔振系

统的隔振特性进行仿真分析。仿真时参数如下：$m=0.5\text{kg}$，$c=6.008\text{N}\cdot\text{s}\cdot\text{m}^{-1}$，$R_e=1143\Omega$，$L_e=0.3\text{H}$，$z_1=-2.14\text{mm}$，$z_2=2.76\text{mm}$，$c_0=73.85$，$c_1=-2.365\times10^5$。式（9-40）用于获得解析解，式（9-16）用于获得数值解。

9.4.1 负电阻对隔振性能的影响

通过改变负电阻值可以调节电磁分支电路阻尼，因此，本节着重分析负电阻对双稳态磁刚度隔振系统隔振性能的调控规律。图 9-7 为大幅激励下双稳态磁刚度隔振系统传递率随负电阻 R_s 的变化规律，其中，$z_b=4\text{mm}$，黑点和小圆圈分别表示稳定解和不稳定解，五角星代表数值解。可以看出，传递率曲线上出现了两个峰，且在两个峰之间的传递率小于 1，表明双稳态隔振系统的突跳现象会极大改变隔振系统的动力学行为。当 R_s 从 -500Ω 增大到 -700Ω 时，第二个峰值快速减小。当 $R_s=-650\Omega$ 时，多解现象消失。当 $R_s=-700\Omega$ 时，第二个峰值消失且双稳态磁刚度隔振系统处于阱内振动，表明阱内振动可拓宽隔振带宽。随着 R_s 的增大，第一个峰值逐渐减小，相应的峰值频率略微增大。数值仿真结果与解析解吻合较好，验证了基于谐波平衡法的近似解析解的有效性。

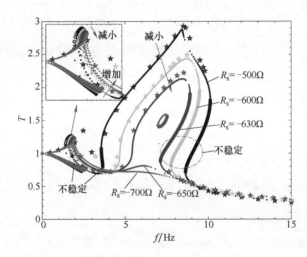

图 9-7 大幅激励下双稳态磁刚度隔振系统传递率随负电阻 R_s 的变化规律

当激励幅值减小到 1mm 时，双稳态磁刚度隔振系统处于阱内振动，相应的传递率如图 9-8 所示。可以看出，双稳态磁刚度隔振系统可以围绕任意一个平衡位置进行小幅阱内振动，围绕平衡位置 z_2 进行阱内振动时传递率较大。

由此图 9-3b 可知，较小的势垒有利于提升隔振性能，这与第 7 章所得的结论吻合。随着负电阻 R_s 的增大，传递率在共振区内较小，隔振区内增大。从图 9-7 和图 9-8 可以看出，峰值频率从 8.4Hz 下降到 3.3Hz，表明阱内振动形态有利于提升系统的隔振性能。

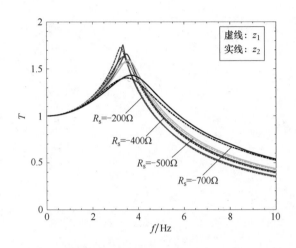

图 9-8　小幅激励下双稳态磁刚度隔振系统传递率随负
电阻 R_s 的变化规律（其中，$z_b = 1mm$）

9.4.2　电磁耦合系数 C_m 对隔振性能的影响

在式（9-11）中，当 c_1 为零时，系统阻尼为线性，此时，$c_0 = 73.85$。其他情况下 C_m 随着 c_1 的变化而变化。图 9-9a 为 C_m 随 c_1 的变化曲线。可以看出，C_m 随着 c_1 的增大而迅速减小，这样可以获得非线性电磁耦合系数，此时 c_1 为负数。图 9-9b 为双稳态磁刚度隔振系统传递率随 c_1 的变化规律曲线，其中，$c_0 = 73.85$，$R_s = -600\Omega$，$z_b = 4mm$。可以看出，随着 c_1 增大，双稳态磁刚度隔振系统的传递率在共振区内增大而在隔振区内减小。此时，较小的 c_1 有利于隔振性能的提升。

当 c_1 为正时，图 9-10a 为 C_m 随 c_1 的变化曲线，可以看出，当 c_1 为正数时，C_m 曲线与图 9-9a 正好相反，增大 c_1 可以提升 C_m 的非线性。图 9-10b 为双稳态磁刚度隔振系统传递率随 c_1 的变化规律曲线，其中，$c_0 = 73.85$，$R_s = -600\Omega$，$z_b = 4mm$。可以看出，传递率随着 c_1 的增大而减小。在低频隔振区内传递率几乎没有变化，表明较大的 C_m 增强了双稳态磁刚度隔振系统的隔振性能。C_m 对隔振性能的影响基于图 9-1 所示的永磁体与线圈结构。通过设计电磁与永磁结构可以实现非线性阻尼，但阻尼效应不太明显，可通过增大负电阻 R_s 的来提高阻尼性能，如图 9-7 所示。

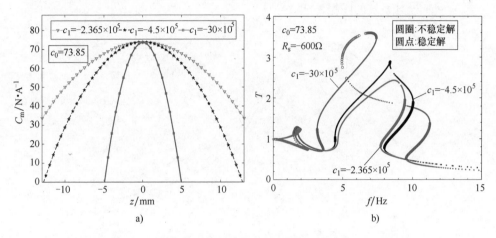

a)

b)

图 9-9　不同 C_m 及系统相应的传递率曲线（$c_1 < 0$）

a）参数 c_1 对 C_m 的影响　b）参数 c_1 对双稳态磁刚度隔振系统传递率的影响规律

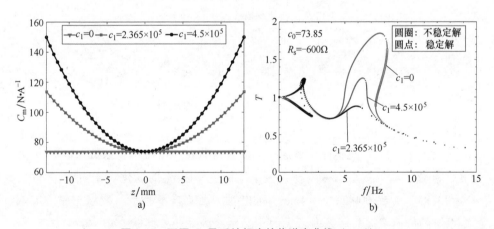

a)

b)

图 9-10　不同 C_m 及系统相应的传递率曲线（$c_1 > 0$）

a）参数 c_1 对 C_m 的影响　b）参数 c_1 对双稳态磁刚度隔振系统传递率的影响规律

9.4.3　动力学行为

本节针对双稳态磁刚度隔振系统所具有的复杂动力学行为，详细分析电磁分支电路阻尼对其动力学行为的调控特性。由图 9-4 可知，傅里叶级数可较好的拟合电磁耦合系数 C_m，因此，本节利用式（9-14）和式（9-15）研究了双稳态磁刚度隔振系统的复杂动力学行为，着重研究了系统在不同激励幅值、激励频率及负电阻值 R_{s2} 的响应。当双稳态磁刚度隔振系统的初始平衡点位于 z_1，激励频率为 5Hz 以及激励幅值为 $A=0.2g$ 时，其位移响应特征如图 9-11a 所示。其中，在相对位移曲线上的两条水平直线以及庞加莱界面上的两个圆圈表示两个稳定的平衡位置。可以看出，在无分支电路阻尼时，双稳态磁刚度隔振系统处于大幅阱间振动形态，系统出现了突跳运动。庞加莱界面上出现了奇怪吸引子，此外，频谱曲线上也出现了连续频带，表明双稳态磁刚度隔振系统为非周期的阱间混沌振动。然而对于隔振系统而言，并不希望出现混沌振动形态，会影响隔振性能。因此，将负电阻电磁分支电路阻尼引入双稳态磁刚度隔振系统。当负电阻 R_s 为 -250Ω 时，图 9-11b 为耦合双稳态隔振系统的位移响应、相轨迹/庞加莱截面以及频谱曲线。可以看出，双稳态磁刚度隔振系统围绕平衡位置 z_1 做阱内振动，庞加莱截面只有两个孤立的点，且频谱曲线只出现了 1/2 阶亚谐波分量，表明系统处于周期性振动。当 $R_s=-500\Omega$ 时，位移响应、相轨迹/庞加莱截面以及频谱曲线如图 9-11c 所示。可以看出，耦合双稳态磁刚度隔振系统发生了一次突跳，并且最终围绕另一平衡点 z_2 附近振动。庞加莱截面只有一个孤立的点，且频谱图仅有 1/2 阶的亚谐波分量和 3/2 阶的超谐波分量[207]，表明系统处于周期性振动。当 $R_s=-800\Omega$ 时，位移响应、相轨迹/庞加莱截面以及频谱曲线如图 9-11d 所示。可以看出，耦合双稳态磁刚度隔振系统发生了一次突跳后围绕平衡位置 z_1 处振动，且再未出现突跳现象，表明系统的振动为阱内振动，该情况下次谐波分量消失。此外，式（9-14）给出的两种近似拟合方法误差随 R_s 的增加而减小，表明二者均可预测双稳态磁刚度隔振系统的动力学响应。综上所述，改变分支电路负电阻 R_s 可以有效调控双稳态磁刚度隔振系统动力学行为，并抑制混沌振动以及阱间振动以提升隔振系统的隔振性能。

本节继续研究了电磁分支电路阻尼对双稳态隔振系统在不同激励幅值下的调控特性。当激励幅值为 5Hz 且系统初始位置在平衡点 z_1 处时，图 9-12a 为 $A=0.1g$ 时双稳态磁刚度隔振系统的位移、相轨迹/庞加莱截面及频谱图[204]。可以看出，在小加速度幅值激励下，系统处于小幅阱内振动形态，频谱图上出现了 2 阶超谐波分量，表明系统处于周期性振动。当加速度激励增加到 $0.2g$ 且 $R_s=-250\Omega$ 时，位移、相轨迹/庞加莱截面及频谱如图 9-12b 所示。可以看出，双稳态磁刚度隔振系统从平衡位置 z_1 突跳到 z_2，最终围绕平衡位置 z_2 附

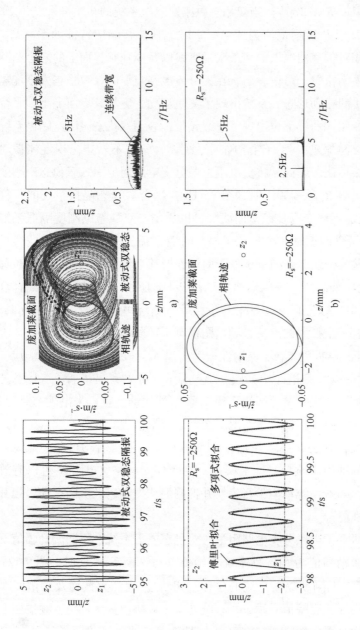

图 9-11 基于电磁分支电路阻尼的双稳态磁刚度隔振系统的 $0.2g\sin(10\pi t)$ 激励下的位移、相轨迹、庞加莱截面及频谱响应

a) 被动式双稳态磁刚度隔振系统 b) $R_s = -250\Omega$

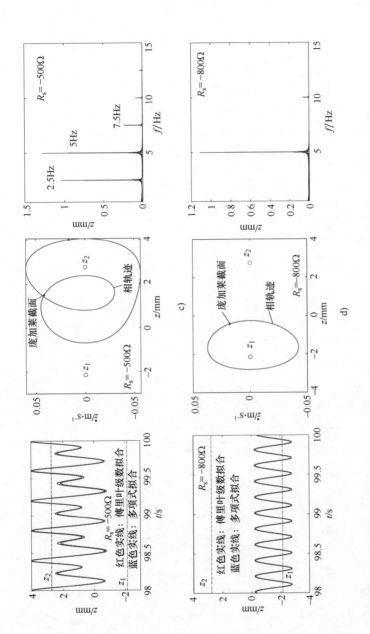

图 9-11　基于电磁分支电路阻尼的双稳态磁刚度隔振系统在 $0.2g\sin(10\pi t)$ 激励下的位移、相轨迹／庞加莱截面及频谱响应（续）

c）$R_s = -500\Omega$　d）$R_s = -800\Omega$

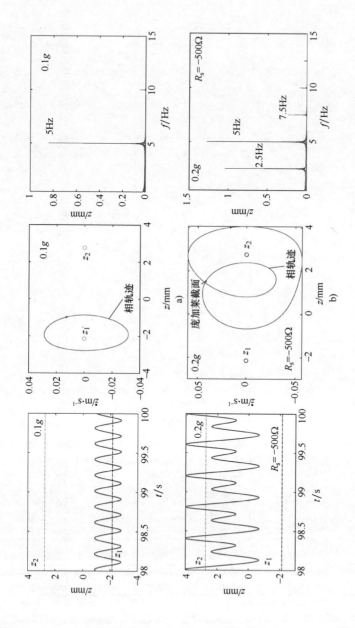

图 9-12 基于电磁分支电路阻尼的双稳态磁刚度隔振系统在不同激励幅值下的位移、相轨迹/庞加莱截面及频谱图

a) 0.1g b) 0.2g

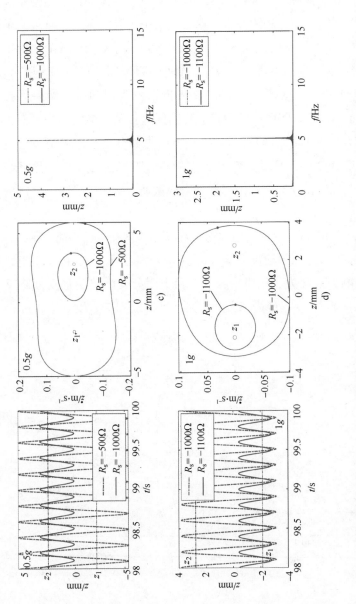

图 9-12　基于电磁分支电路阻尼的双稳态磁刚度隔振系统在不同激励幅值下的位移、相轨迹/庞加莱截面及频谱图（续）

c) 0.5g　d) 1g

近做阱内振动，频谱图出现了 1/2 阶的亚谐波分量和 3/2 阶、2 阶的超谐波分量[208]。当激励幅值增加到 $0.5g$ 且 $R_s = -500\Omega$ 时，如图 9-12c 所示，双稳态磁刚度隔振系统处于大幅阱间振动，系统出现了突跳现象，尽管如此，隔振系统仍处于周期振动。当 R_s 增大至 -1000Ω 时，双稳态系统为阱内振动，且最终围绕平衡位置 z_2 振动，此外，亚谐波及超谐波在该情况下消失。当激励幅值增大至 $A = 1g$ 时，系统的位移、相轨迹/庞加莱截面及频谱图如图 9-12d 所示。可以看出，当 $R_s = -1000\Omega$ 时，双稳态磁刚度隔振系统为周期的大幅阱间振动。当增大负电阻值 R_s 至 -1100Ω 时，双稳态磁刚度隔振系统最终围绕平衡位置 z_1 做阱内振动。从图 9-12c、d 可以看出，负电阻电磁分支电路阻尼可以有效抑制超谐波和亚谐波分量，且增大 R_s 可以有效调控双稳态磁刚度隔振系统的动力学行为，抑制混沌振动，使其为周期性阱内振动，从而提升隔振系统的品质。

为了研究电磁分支电路阻尼对双稳态磁刚度隔振器在隔振区的性能，图 9-13 为在双稳态磁刚度隔振系统在加速度 $0.2g\sin(20\pi t)$ 激励下位移响应、相轨迹图。可以看出，隔振系统为小幅阱内振动。负电阻分支电路阻尼反而降低了系统在隔振区的隔振能力，这需要设计非线性阻尼，以提升系统的隔振性能。

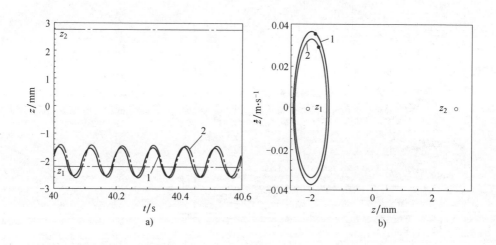

图 9-13　双稳态磁刚度隔振系统在加速度 $0.2g\sin(20\pi t)$ 激励下的位移及相轨迹图

a）位移　b）相轨迹图

1—接入负电阻（$R_s = -500\Omega$）　2—未接入负电阻

9.5　试验研究

9.5.1　试验设计

在理论和数值分析的基础上，本节设计了试验系统验证了电磁分支电路阻尼对双稳态磁刚度隔振器的调控能力。图 9-14 为试验原理及照片。根据图 9-1 加工了双稳态磁刚度隔振器原理样机。试验方法与前面各章所采取的方法类似，在此不再赘述。唯一不同的是，试验中基于运算放大器（OPA 541）构建了负电阻分支电路，并通过直流电源为分支电路供电。试验中，负电阻 R_s 可通过滑动变阻器进行调节。试验中使用的永磁体参数与仿真中的相同。

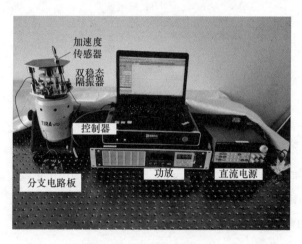

图 9-14　试验原理及照片

9.5.2　试验结果

图 9-15 为测试所得的双稳态磁刚度隔振器的加速度传递率，其中，隔振系统的初始位置在 z_2，正扫频激励幅值为 $0.2g$，$D = 24.9 \text{mm}$，$H_{ab} = 9 \text{mm}$。当双稳态磁刚度隔振系统处于阱间振动时，传递率曲线出现了两个峰值，且在两峰值之间的传递率曲线可小于 1。当负电阻分支电路阻尼接入到系统中时，传递率变小。当激励幅值为 $0.1g$ 时，隔振系统为阱内振动形态，相应的传递率曲线如图 9-15b 所示。可以看出，传递率曲线只出现了一个峰值，且峰值传递率随着负电阻 R_s 的增大而减小。与图 9-7 所示的解析解相比，二者峰值几乎相

同，但试验测得的峰值频率较大，相差约 0.67Hz。当双稳态磁刚度隔振器处于阱间振动时，解析解（图 9-7）和试验结果（图 9-15a）类似，但试验中第一个峰值频率要大于解析解中的峰值频率，第二个峰值频率要小于解析解中的峰值频率。试验结果能定性解释解析结果的有效性，误差可能来自于摩擦和安装误差。

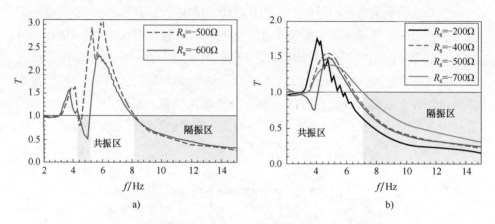

图 9-15 测试的双稳态磁刚度隔振系统的加速度传递率

a）阱间振动 b）阱内振动

本节中还开展了一些试验用以讨论势能函数形状和势垒对双稳态磁刚度隔振系统隔振性能的影响规律。当 $D=23.8$mm 及 $H=10.5$mm 时，双稳态磁刚度隔振系统的势能函数如图 9-16 所示。可以看出两个平衡点之间的距离为 7.75mm，且两个势能阱的势垒不同，右边的势垒比左边的大。当双稳态磁刚

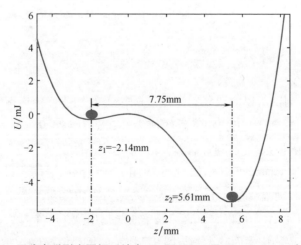

图 9-16 双稳态磁刚度隔振系统在 $D=23.8$mm 及 $H=10.5$mm 时的势能

度隔振系统的初始位置为平衡位置 z_1 时，测试而来的加速度传递率如图 9-17a 所示。可以发现，由于双稳态隔振系统出现了突跳，因此，传递率曲线上出现了两个峰值。两个峰值之间出现了较大的"谷"，且最小的传递率为 0.66，此时，隔振系统处于不稳定的平衡位置。当接入负电阻且 R_s 为 -500Ω 时，双稳态磁刚度隔振系统也出现了突跳现象，且在共振区间也出现了"谷"。两个峰值略微降低且峰值频率向右略微偏移，在隔振区传递率也略微增高。当 R_s 增加到 -800Ω 时，"谷"响应消失，峰值传递率降低，但峰值频率略微增加，此时，隔振系统并未发生突跳现象且处于阱内振动，同时也发现隔振性能得到了较大提升。这与图 9-7 所示的结果大致吻合，定性说明了可以采用电磁分支电路阻尼对双稳态磁刚度系统的隔振性能进行调控。

当系统初始位置为平衡位置 z_2 时，测试的加速度传递率如图 9-17b 所示。可以看出，无论负电阻电磁分支电路阻尼是否接入到双稳态隔振系统，突跳现象均未发生，表明较大的势垒使得隔振系统难以发生突跳，也验证了双稳态磁刚度隔振系统的性能不仅受到阻尼的影响，也受到势垒和势能阱形状的影响。在部分共振区域，特别是低频区域内，加速度传递率可以小于 1，这种现象在某种程度上类似于图 9-7，说明双稳态磁刚度隔振器的阱内振动提高了隔振性能，即可将共振区划分为几个部分，有助于实现超低频振动抑制。

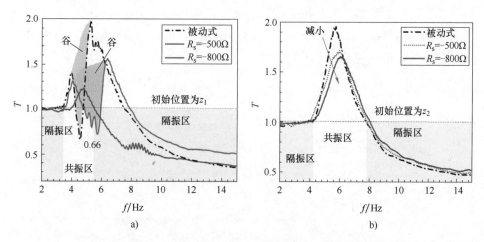

图 9-17　双稳态磁刚度隔振系统在不同初始平衡位置的加速度传递率
a) z_1　b) z_2（其中，$D=24$mm，$H=4.5$mm）

需要注意的是，当双稳态磁刚度隔振系统经历突跳时，位移响应会增大，这将不可避免地降低隔振系统的隔振性能。从图 9-7、图 9-15 及图 9-17 看出，阱内振动更有利于隔振。对于振幅较大的阱间振动，可以采用负电阻电磁分支电路阻尼来调节系统的振动形态，以提升隔振性能。本章所讨论的非线性阻尼对于隔振区的隔振性能并不明显，如图 9-10b 所示，但为后续优化和设计非线性机电耦合系数和提高非线性阻尼提供了指导。

9.6　本章小结

本章基于负电阻电磁分支电路阻尼实现了双稳态磁刚度隔振系统隔振性能及动力学行为的调控。建立了基于电磁分支电路阻尼的双稳态磁刚度隔振结构理论模型，推导了电磁耦合结构的机电耦合系数。基于谐波平衡法推导并获得了耦合隔振系统的传递率近似解析解。基于解析法和数值法研究了基于电磁分支电路阻尼的双稳态磁刚度隔振系统的隔振性能。结果表明，电磁分支电路阻尼可有效改善隔振系统的隔振性能。由于突跳现象，传递率曲线上出现了"谷"响应，且在部分"谷"中系统的传递率可以小于 1。尽管在不同激励幅值和频率下系统的动力学行为发生了较大的变化，如混沌振动、周期性振动，但可以通过调节负电阻值有效抑制双稳态磁刚度隔振系统的突跳现象及"谷"响应，并使其处于阱内周期性振动，显著提升隔振系统的隔振品质。试验结果验证了理论模型和数值分析的正确性。此外，较小的势垒有利于提升双稳态隔振系统的隔振性能。总之，负电阻电磁分支电路阻尼技术为双稳态磁刚度隔振系统隔振性能的调控提供了一种可行的方法。

第10章
低频非线性隔振技术的发展前景

10.1 仿生隔振技术

哺乳动物、昆虫、飞禽等生命体可在高速运动下依然维持较为平稳的姿态，如袋鼠、猫、鸵鸟等可通过腿部骨骼的屈-伸动作来缓冲与地面间的冲击，保证其不受损伤，并且可以保持运动姿态的稳定性。早在 1959 年，Sielman 发现[209]，啄木鸟头骨的特殊构型及软组织使得大脑和眼睛在加速度高达（700~1200）g 冲击下不受任何损伤。受此启发，研究人员逐步发展仿生隔振技术。由于非线性准零刚度隔振技术的发展，自 2015 年以来，仿生隔振逐步成为该领域的研究热点，它既继承了被动隔振的稳定性好、无能耗的优点，又具有主动及半主动隔振技术在低频与宽频的隔振性能。近年来，该领域的研究主要由于景兴建教授和孙秀婷教授的研究而兴起。Jing 等[210]受动物腿/四肢骨骼启发，设计了多种基于 X 型结构的非线性隔振结构，可以单独或同时提供被动、低成本、高效、可调节和有益的非线性刚度（高静超低动刚度）、非线性阻尼（取决于共振频率和相对振动位移）和非线性惯性。X 型仿生结构是一种通用构型，根据仿生目标生物特征可获得多种构型，例如，基本单元有 X/K/Z/S/V 型、四边形、菱形、多边形等[16]。现有仿生 X 型结构具有相似的几何非线性特征，因此，在用于隔振时可表现出相似的非线性刚度或阻尼。X 型仿生隔振结构的设计原理是将 X 型结构提供的非线性负刚度与弹簧提供的线性正刚度耦合，通过参数优化可实现准零刚度。系统在静止时刚度较大，可以承受较大载荷，受迫振动时在某一区间内刚度极小，趋于零刚度，这种高静低动刚度特性可降低峰值频率，拓宽隔振频带。研究表明，X 结构所提供的可调、有益的几何非线性刚度、阻尼及惯性特征可满足工程装备的低频隔振需求，并且已经在隔振[155]、振动俘能[211]、传感器设计[212]及机器人[213]等方面得到了初步应用。然而，因准零刚度区域较窄，存在大幅失稳和小幅失效的缺陷[2]。因此，如何提高准零刚度工作区间与稳定性一直是非线性隔振系统动力学设计中的难题。

国内外研究人员设计的 X 型仿生结构灵感大多来源于自然生命体所具有的应对各种环境挑战时的躯体形态特征，常见的一些仿生隔振结构原型如图 10-1 所示。动物和人体的骨骼结构易于缓冲高速运动引起的冲击。例如，啄木鸟每天对树木重复啄击 500~600 次，速度约每秒 20 次，啄击时冲击加速度高达 1200g，但是在骨骼结构的作用下，大脑并不会受到损伤[214,215]。深究其抗冲击机理发现啄木鸟的颅骨结构具有两个外层，如图 10-1a 所示，层间结构不是以竖直连接方式支撑外层，而是采取类似 X 型肢体关节系统的倾斜连接方式。动物和人类在行走或跳跃的过程中，受到地面的冲击，其腿部的 Z 型骨骼结构可用于缓冲，有效防止振动或冲击对人体器官造成严重的损伤，如图 10-1c 所示。

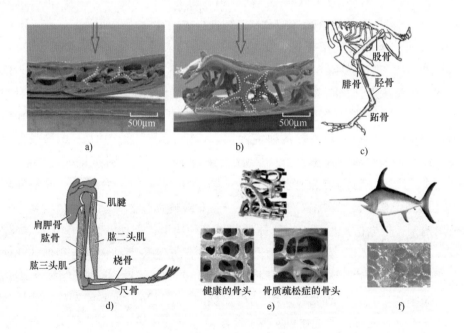

图 10-1 常见的仿生隔振结构原型

a）啄木鸟颅骨的扫描图像　b）戴胜鸟颅骨的扫描图像　c）鸟类的"Z"型腿部结构

d）人类手臂骨骼结构　e）人腿骨骼显微结构　f）旗鱼头部结构

　　X 型仿生结构可以设计成对称和非对称两种形式，如图 10-2a、b 所示。对称 X 型结构由多层对称剪刀型隔振单元组成[216]，采用转动铰链连接，通过设计杆长和层数来确定 X 型结构的尺寸。为了有效利用几何非线性，弹簧或阻尼器需安装在同一层转动铰链之间，且保持水平。杆长、装配角、弹簧刚度系数和阻尼系数及层数都可以作为设计参数，通过优化设计这些结构参数可实现对称 X 型结构的非线性刚度的调控，以达到理想的低频隔振性能。此外，通过精心设计杆长，可实现非对称 X 型结构，如图 10-2b 所示。非对称 X 型结构的设计基础来源于动物腿部的股骨和胫骨通常具有不同的长度和倾斜角度，而研究非对称结构的意义在于以不牺牲隔振性能为前提，调整结构非对称性，以满足工程应用中特殊的空间要求以及周期结构中潜在的应用[217-219]。研究表明，非对称因素在一些特殊的应用场景下（如低重力）可实现更好的隔振性能及更低的峰值频率。

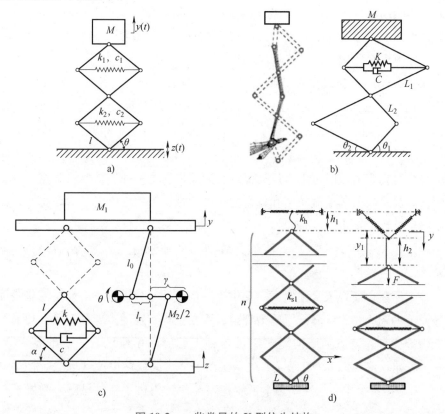

图 10-2　一些常见的 X 型仿生结构

a）对称 X 结构　b）非对称 X 结构　c）耦合旋转惯量的 X 结构　d）耦合水平弹簧排列的 X 结构

人在行走时，身体垂直角动量和地面反应力矩表明，摆臂运动在稳定性控制中起着关键性作用。基于手臂摆动，可引入旋转惯性元件，调节非线性惯量以减低峰值频率，拓宽隔振带宽，提高低频隔振性能，如图 10-2 所示。此外，扩大准零刚度区域可确保仿生隔振结构在大幅激励下依然能保持一定的隔振性能。图 10-2d 为 X 型结构通过对弹簧的形状和位置设计，获取了多稳态非线性刚度[220]。水平弹簧与 X 型结构耦合，可改善仿生隔振结构的准零刚度特性，提高承载能力。初始装配角度可由一根预扩展弹簧控制。通过调节载荷或弹簧的预伸长，多层仿生 X 型结构的刚度可以灵活地由正刚度、零刚度或准零刚度转变为负刚度。在加载到负刚度区域之前，X 型结构的刚度随加载力的增加而减小，这与工程中常用的螺旋弹簧完全不同。正负刚度可以根据其振幅进行调节，装配角和弹簧刚度可灵活地改变仿生 X 型隔振结构的承载能力。例如，杆长 5cm，2 层 X 结构可将准零刚度区域拓宽几厘米，这对大幅激励隔振尤其重要。实验结果也表明仿生 X 型隔振器可以获得 1Hz 左右的共振频率。此外，基于 X 型结构的负刚度，可设计布置弹簧构型，实现双稳态甚至多稳态特性，这类特性可广泛应用于振动能量俘获领域。

除了 X 型结构，研究人员通过观察昆虫等动物的运动特性，发展了一系列低频仿生隔振器。蟑螂可在 900 倍自重的外力下免受伤害，因此，Ling 等[45]设计了一种新型仿蟑螂低频隔振器，其峰值传递率和频率分别降低到 1.16 和 1.46Hz，如图 10-3a 所示。Yan 等[16]发现狗在奔跑过程中，狗爪在保护自身免受伤害的同时可维持运动稳定，因而提出了一种仿狗爪隔振器。该仿生隔振器具有较低的谐振频率和较宽的隔振频带，可广泛应用于工程实际，如图 10-3b 所示。此外，Yan 等[221]受到猫从高空坠落而不受伤害的启发，提出了一种仿生多边形骨骼结构，能够有效抑制各种激励下的振动，如图 10-3c 所示。

综上所述，研究人员建立了一套仿生结构设计与分析方法，为低频非线性隔振系统的动力学设计奠定了前沿理论，可在工程实践中实现最低成本和最低复杂性等优势。该仿生结构能够提供各种工程应用中刚度（正、准零、零、负、多稳定、高负载）、阻尼（取决于振动位移）或惯性设计（取决于振动位移），为工程系统中非线性动力学系统建模与设计提供了新的见解，激发了一系列创新研究和开发，满足各种工程领域的挑战性要求，实现工程领域更绿色、更安全、更可靠和更可持续的未来。

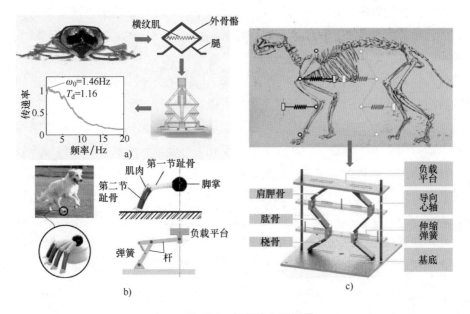

图 10-3　低频仿生隔振器

a）仿蟑螂隔振器　b）仿狗爪隔振器　c）仿猫骨骼隔振器

10.2　折纸隔振技术

　　折纸艺术本质上是一种通过折叠形成拓扑复杂的三维形状技术，它的美丽和简洁引起了科学、数学、建筑和工程界的极大兴趣。例如，分子生物学学者使用折纸方法将单链 DNA 分子折叠成预定形状，可用于形成复杂的自组装纳米结构[222,223]。植物学家根据折纸原理检查了种子荚膜、叶和花的展开[224,225]。数学家开发了计算工具，可以设计适当的折痕图案，通过折叠实现所需的形状重构[226-228]。工程师们还研究了折纸技术在复合材料中应用的可行性，例如，具有折叠芯的夹层板[229]、折叠板壳结构[230]和多孔固体[231]。

　　折纸结构具有折叠大变形和刚度可调等特性，因此，在隔振和能量吸收方面展现出了极大的应用前景[232]。将多张折纸堆叠，并连接形成超结构，利用折叠和本构变形之间的复杂关系来实现独特的材料特性。例如，通过平面内应变和平面外应变之间的折叠耦合实现负泊松比[233,234]，通过非平面折叠折痕的小平面结合行为实现刚度跳跃，通过折叠过程中折痕和小平面变形之间的非线性，实现折纸结构多重稳定性[235-237]。而折纸隔振技术通常是利用折纸结构的刚度可调特性使得振动在一定范围内衰减。折纸的刚度主要是由折痕和折面决定，因而折痕图设计在折纸刚度调节中起着关键性作用。常见的折痕图有以下几种：4°顶点（Degree-4 vertex）折纸、三浦（Miura）折纸及衍生折纸、水弹（Waterbomb）折纸、Yoshimura 折纸、Kresling 折纸。目前，应用在隔振领域的折痕图多集中于三浦折纸及其衍生折纸以及 Kresling 折纸。

　　三浦折纸通过一次层叠的方式可以形成单个胞体结构，该结构可看作刚性折纸，即折面可视为刚性。因此，为了便于动力学建模，刚性折纸结构可等效成连杆结构。忽略折面的存在，将折痕描述为可发生伸缩变形的弹簧，连杆结构的势能可以简单表示为线性弹簧长度变化的函数，极大简化了动力学分析过程。如图 10-4a 为一次堆叠三浦折纸退化而成的非线性隔振器[238]，包括四根连杆和两根弹簧。四根连杆和水平弹簧构成非线性负刚度元件，竖直弹簧提供线性正刚度，二者结合达到准零刚度，有利于低频隔振。调节长杆与短杆之间

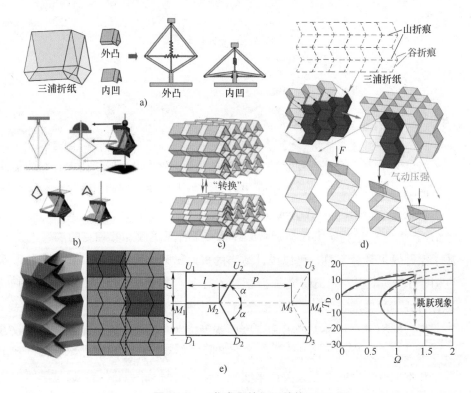

图 10-4　一些常见的折纸结构

a）一次堆叠三浦折纸退化成平面杆件结构　b）一次堆叠三浦折纸形成的空间桁架结构

c）多层三浦折纸片组成的超材料结构　d）三浦折纸堆叠的流体结构　e）太刀-三浦折纸结构

的角度以及线性弹簧刚度，实现整体系统刚度的灵活调控。与支承的集中质量相比，该隔振器的连杆和弹簧的重量可以忽略不计。受到不同激励时，该隔振器呈现出"凸出"和"嵌套"两种状态，表明该结构具有实现多稳态潜能，可广泛应用于隔振、传感以及振动俘能领域。此外，桁架弹簧等效折纸结构[239]也是一种常见的简化模型的方法，如图 10-4b 所示。与传统基于折痕的堆叠式三浦折纸结构不同，该等效结构在折痕位置使用自由扭转铰链，且在每个主方向上应用三组螺旋弹簧。所有弹簧都具有正刚度，而预应力条件可以确定弹簧为压缩弹簧或拉伸弹簧，但也会受到类型的限制。单元结构在主方向上的非线性可变泊松比可导致弹簧的不同变形，由此产生的力可以兼容几何和复杂运动进行转换。因此，可实现与原始基于折痕的折纸结构相似的力响应和独特特征，例如突跳行为和准零刚度特征。

多稳态材料和结构可在不同的稳定平衡状态下表现出不同的力学性能，因此，通过稳态间的切换，可以实现性能调节。多稳态可以产生复杂的动态行为，例如振动抑制、振动俘能、鲁棒传感及超材料。特别是由多个双稳态元件串联而成的链状结构可实现冲击能量吸收，确定性变形序列，甚至非互易导波。图 10-4c 为一种多层三浦折纸组成的超材料[240]，折叠在两个相邻的双稳态折纸单胞之间施加了独特的运动约束，显著增大从一个稳态转变到另一个稳定态的能量势垒，而不会显著增加相反转变的势垒，从而形成非对称势垒，可在一定条件下实现静态机械二极管效应。也就是说，通过在不同稳定状态之间切换，可以轻松压缩多稳态折纸，但复位则需要较大的外力。这种机械二极管效应能将往复负载运动调整为单向变形，有利于提升超材料抗冲击特性。

图 10-4d 为一种多功能自适应流体折纸概念，利用折叠运动与封闭流体体积之间的相关性，流体折纸可以有效实现自主形状变形和刚度调节。当内部流体体积不受约束时，变形的主要模式是折叠，因此，变形运动路径可以用三浦折纸运动学原理来描述。当内部流体受到约束时，由于高体积模量的工作流体能够抵抗外力引起的体积变化，因此可以获得额外的刚度。流体体积提供的正刚度和折纸变形提供的负刚度耦合可实现低频准零刚度隔振。受太刀-三浦折纸的启发，图 10-4e 为一种新型准零刚度隔振系统[241]，可实现高性能的振动抑制。首先，利用等效变换和虚功原理建立折纸机构的静力学模型，研究结构参数对刚度的影响，揭示折纸机构的负刚度机理。其次，通过折纸并联正刚度线性弹簧，获得了太刀-三浦折纸机隔振器，利用谐波平衡法给出控制方程并研究了跳跃现象。最后，通过参数分析与现有准零刚度隔振器进行比较，验证

了该隔振器的有效性和优越性。所提出的太刀-三浦折纸隔振器具有较大的设计灵活性，在低频隔振领域显示出巨大的潜力。

Kresling 折痕图由平行四边形构成，每个平行四边形的对角线上布置有相同山折痕或谷折痕。将 Kresling 折纸单元在平面上排布并将两侧的边界重合粘接，也可以形成 Kresling 柱状结构，却丢失了刚性可折性。在容许折面发生变形的情况下，Kresling 柱状结构在折叠过程中表现出显著的拉压和扭转耦合的变形模式。由 Kresling 柱状结构设计而成的隔振器隔振性能与底面多边形边数、折痕角、堆叠方式有关。图 10-5a、b 表明，Kresling 柱状结构的展开和折

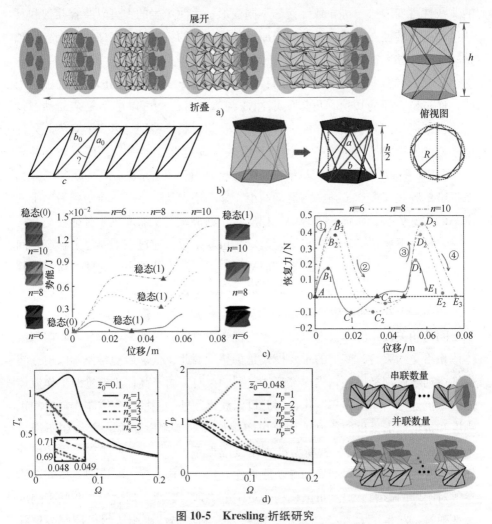

图 10-5　Kresling 折纸研究

a）Kresling 折纸的水平和竖直堆叠结构　b）Kresling 折纸折痕图以及桁架结构
c）底面多边形边数对 Kresling 折纸结构势能和恢复力的影响
d）Kresling 折纸柱状结构串联和并联数量对隔振性能的影响

叠程度由折痕之间的折叠角（图中 a_0 和 b_0 的夹角）决定。图 10-5c 表明，随着边数的增加，Kresling 构型的轴向刚度变大，正六边形的曲线相较于正八边形和正十边形呈现更复杂的非线性关系[242]。不同多边形改变了 Kresling 的几何设计，这些差异会对结构的刚度有着显著影响。边数越多，Kresling 结构的刚度越大，在不同稳态构型切换过程中所需的外力越大，因此，通过改变边数来调整结构的稳定性，为折纸结构的设计提供参考。不同的折叠角度和堆叠方式也不同程度地影响 Kresling 折纸结构的刚度和隔振性能。图 10-5d 表明，串联时 Kresling 折纸柱状结构堆叠个数大于等于 2 时，隔振性能变好，但随着堆叠个数的增加，隔振性能提升速度变小[243]。并联时，两层堆叠的 Kresling 折纸柱状结构越多，隔振性能越差。因此，一个两层堆叠的 Kresling 折纸隔振器有利于低频隔振。

近年来，折纸结构和折纸超材料引起了学术界和工程界的广泛关注，其理论和应用研究取得了长足发展。开展折纸结构和折纸超材料动力学研究具有必要性、交叉性和重要性。通过对折纸结构的折痕、折叠角、堆叠方式等设计，可实现对折纸结构刚度和稳态的调节，为低频振动控制提供了理论依据和设计基础。

10.3　仿生结构与折纸结构的磁刚度调节

生物肌肉的张力-长度曲线显示了肌节的长度与产生的张力之间的关系。在肌节中，整体张力是由主动张力和被动张力合成。主动张力由肌节的收缩元件产生，即肌原纤维之间的相互作用。被动张力是由并联和串联元件产生的，不会产生肌肉缩短的张力。当肌节处于静止长度时产生峰值张力，随着肌肉扩张，主动张力逐渐减小，呈非线性负刚度，被动张力逐渐增加，呈非线性正刚度，如图 10-6a 所示。二者结合，表现了肌肉整体的非线性刚度特性。然而，一般的仿生隔振结构为刚度元件提供的非线性负刚度耦合弹簧正刚度，以达到准零刚度，与实际肌肉的工作原理有所区别。因此，Yan 等[244-246]提出非线性正刚度补偿机制，实现了肌肉被动张力功能。

前面的章节主要讨论了磁体提供负刚度，以实现双稳态或者准零刚度特性。而磁铁也可以提供非线性正刚度。当一对圆形磁体同性相对时，随着隔振器的变形，二者之间的距离越近，刚度越大，呈现出典型的非线性正刚度特性，如图 10-6c 所示。因此，在仿生结构里嵌入磁补偿机制，为设计准零刚度隔振器提供了新的思路。

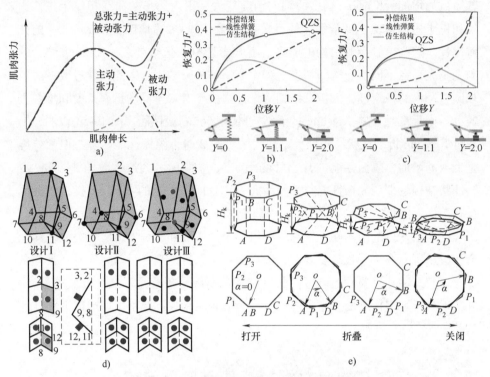

图 10-6　仿生与折纸结构的磁刚度调节研究

a）肌节的张力与伸长关系曲线　b）耦合线性正刚度的仿生结构

c）耦合非线性正刚度的仿生结构　d）三浦折纸耦合磁控刚度结构

e）Kresling 折纸耦合磁控刚度结构

除了仿生结构，折纸结构也可以嵌入磁体实现刚度的调节。多稳态折纸结构虽然具有许多源于折叠的刚度特征，但在可调性和适应性方面面临着巨大挑战。通过折纸与磁体的结合，研究人员[247]提出了一种新型的磁性折纸结构。基于堆叠的三浦和 Kresling 折纸结构，如图 10-6d、e 所示，嵌入式磁体可以有效调节整体结构的势能形貌，不仅包括改变势能的形状与势垒，而且可以调节势能阱的数量。这种由磁场引起的势能变化改变了折纸结构的稳定性和本构关系。因此，利用磁体定量和定性地改变结构的潜在能量景貌，实现稳态的可调性，具有重要的研究价值和意义。定量变化包括势能阱的平移、深化和浅化。定性变化表现为系统在单稳态、双稳态和三稳态之间切换。通过磁弹耦合三浦折纸和 Kresling-ori 折纸结构，可以观察稳态曲线变化对结构力学性能的影响，从根本上改变结构的力-位移关系。研究表明，定量改变稳态曲线可切换动态响应的临界频率，从根本上改变频率-响应关系。

电磁结构可以有效改变磁场强度和磁极布局，因此设计基于电磁结构的新型折纸结构可实现实时刚度调节。磁场效应和折纸几何结构使得整体系统具有明显的非线性，因此进行全面的动力学分析，揭示非线性动力学行为的磁感应转化规律十分重要。然而，如果整体结构由柔性折纸构成，那么磁性折纸结构的动力学行为将非常复杂，其建模与分析也十分困难。此外，磁体尺寸对折纸结构的影响也不可忽视，需综合考虑磁体尺寸进行样机的设计和制备。因此，针对工程实际应用，需提出基于折纸思想的工程结构、机构和装置设计，已突破现有技术的局限，提高相关的隔振性能。

10.4　非线性隔振系统的主动控制

主动控制方法可以提高系统的鲁棒性和隔振性能。2001 年初，Yoshioka 等[248]利用音圈电动机、气动压电致动器实现了微振的主动控制。对于电磁准零刚度系统，Yuan 等[249]将线性电磁弹簧与传统线性隔离系统并联，主动控制方法可以控制电流以调整非线性刚度，从而在线控制准零刚度隔振器的隔振性能。电磁弹簧包含三个与环形磁铁同轴布置的环形线圈。通过控制线圈的激励电流，电磁弹簧可以产生线性负刚度，平衡传统系统的正刚度，从而在长冲程内实现准零刚度，如图 10-7a 所示。在此基础上，Yuan 等[250]又提出一种可调负刚度机制，其结合高静低动刚度隔振器拓宽隔振带宽，实现在线变刚度以抑制共振，如图 10-7b 所示。Wang 等[251]提出了一种可调电磁负刚度 Stewart 平台，可以方便地实现良好的刚度匹配，并在六个自由度中都具有较好的隔振性能，如图 10-7c 所示。Zhu 等[52]设计了一种六自由度准零刚度磁悬浮隔振器，并采用 PID 控制器调频，实现最小固有频率和传递率，如图 10-7d 所示。Kamaruzaman 等[252]将主动控制技术应用于六自由度准零刚度磁弹簧系统，当被动稳定自由度接近于不受控制时，隔振带宽随着被动刚度的增加而减小，且被动不稳定的旋转自由度受益于最优控制，如图 10-7e 所示。Zhang 等[253]提出了一种基于加速度比例反馈的磁负刚度隔振器的主被动混合方法，与被动方法相比，加速度比例反馈方法可以减少 80% 的共振峰值，如图 10-7f 所示。

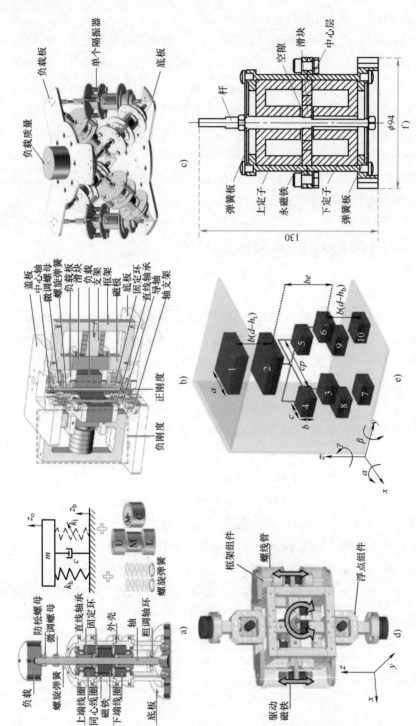

图 10-7　电磁非线性隔振器的主动控制

a) 与线性隔振系统并联的线性电磁弹簧　b) 可调高静低动刚度隔振器　c) 电磁负载刚度隔振器　d) 六自由度准零刚度 Stewart 平台
e) 六自由度准零刚度磁性弹簧系统　f) 磁负刚度主被动混合隔振器

对于图 10-8a 所示的仿生隔振系统，Zhang 等[254]提出了具有输入死区和饱和度的半车主动悬架系统的模糊自适应控制方法，如图 10-8b 所示。通过模糊逻辑系统补偿系统参数不确定性，外部干扰，输入死区和饱和度。此外，基于自适应方法，跟踪误差可以在有限的时间内收敛到零。因此，可以很容易获得较小的能耗和改善骑行舒适性的振动抑制性能。此外，Zhang 等[255]提出了基于仿生非线性动力学的不确定/未知输入时滞自适应神经网络控制，应用于汽车悬架系统。该控制器能有效地抑制振动，控制性能明显提高，能耗降低 44% 以上，如图 10-8c 所示。Li 等[256]提出了一种基于仿生参考模型的主动悬架系统的模糊自适应跟踪控制，可以有效抑制悬架系统的振动，减小执行器的作用力，提高平顺性，从而达到节能的目的，如图 10-8d 所示。

此外，Sun 等[257]使用时滞主动控制来改善三弹簧型准零刚度隔振器的隔振性能。受到冲击载荷时，适当选择主动时滞可以使隔振器加速暂态响应，缩短时间历程。受到谐波负载时，时滞对谐振区域振动抑制显著。因此，时滞主动控制可以在不进行任何结构修改的情况下拓宽隔振器的工作范围。Xu 等[258]提出了一种具有时滞主动控制的新型多方向准零刚度隔振器，同时实现三个方向的隔振，如图 10-8e 所示。Cheng 等[259]提出了一种具有分段非线性刚度特性的三次时滞位移反馈控制器，对凸轮式准零刚度隔振器进行振动抑制。如图 10.8f 所示，该控制器通过调节反馈参数可以有效降低共振频率和传递率，同时不影响高频隔振性能。

尽管主动控制能够进行实时调控，以达到最佳隔振性能，但是控制器、执行器等有源设备的添加不可避免地增加了系统的尺寸和耗能成本，使得系统结构趋于复杂。此外，对于电磁系统，永磁体在高温下的退磁及其脆弱性可能会限制其在特定环境中的应用。线圈中电流产生的热量也可能使磁体退磁，导致隔振性能下降。所以低耗能、高效能的振动抑制成为主动控制的巨大挑战和发展前景。

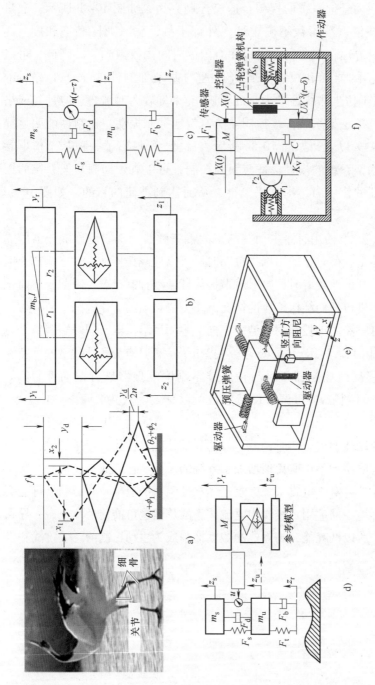

图 10-8　仿生系统及主动控制研究

a) 仿生系统　b) 模糊自适应控制的半车主动悬架系统模型　c) 时滞自适应神经网络控制的汽车悬架系统模型
d) 模糊自适应跟踪控制的主动悬架系统模型　e) 时滞主动控制的新型多方向准零刚度隔振器
f) 具有分段非线性刚度特性的三次时滞位移反馈控制的凸轮式准零刚度隔振器

参考文献

［1］葛东明，邹元杰. 高分辨率卫星结构-控制-光学一体化建模与微振动响应分析［J］. 航天器环境工程，2013，30（6）：586-590.

［2］IBRAHIM R A. Recent advances in nonlinear passive vibration isolators［J］. Journal of Sound and Vibration，2008，314（3）：371-452.

［3］CARRELLA A，BRENNAN M J，Waters T P. Static analysis of a passive vibration isolator with quasi-zero-stiffness characteristic［J］. Journal of Sound and Vibration，2007，301（3-5）：678-689.

［4］CARRELLA A，BRENNAN M J，Waters T P，et al. On the design of a high-static-low-dynamic stiffness isolator using linear mechanical springs and magnets［J］. Journal of Sound and Vibration，2008，315（3）：712-720.

［5］KOVACIC I，BRENNAN M J，Waters T P. A study of a nonlinear vibration isolator with a quasi-zero stiffness characteristic［J］. Journal of Sound and Vibration，2008，315（3）：700-711.

［6］VIRGIN L N，SANTILLAN S T，Plaut R H. Vibration isolation using extreme geometric nonlinearity［J］. Journal of Sound and Vibration，2008，315（3）：721-731.

［7］CARRELLA A，BRENNAN M J，Kovacic I，et al. On the force transmissibility of a vibration isolator with quasi-zero-stiffness［J］. Journal of Sound and Vibration，2009，322（4-5）：707-717.

［8］LAN C C，YANG S A，Wu Y S. Design and experiment of a compact quasi-zero-stiffness isolator capable of a wide range of loads［J］. Journal of Sound and Vibration，2014，333（20）：4843-4858.

［9］HUANG X，LIU X，SUN J，et al. Vibration isolation characteristics of a nonlinear isolator using Euler buckled beam as negative stiffness corrector：A theoretical and experimental study［J］. Journal of Sound and Vibration，2014，333（4）：1132-1148.

［10］ZHOU J X，WANG X L，XU D L，et al. Nonlinear dynamic characteristics of a quasi-zero stiffness vibration isolator with cam-roller-spring mechanisms［J］. Journal of Sound and Vibration, 2015, 346: 53-69.

[11] ZHOU J, XIAO Q, XU D, et al. A novel quasi-zero-stiffness strut and its applications in six-degree-of-freedom vibration isolation platform [J]. Journal of Sound and Vibration, 2017, 394: 59-74.

[12] ZHENG Y, LI Q, YAN B, et al. A Stewart isolator with high-static-low-dynamic stiffness struts based on negative stiffness magnetic springs [J]. Journal of Sound and Vibration, 2018, 422: 390-408.

[13] SUN X, JING X. A nonlinear vibration isolator achieving high-static-low-dynamic stiffness and tunable anti-resonance frequency band [J]. Mechanical Systems and Signal Processing, 2016, 80: 166-188.

[14] SUN X, JING X. Analysis and design of a nonlinear stiffness and damping system with a scissor-like structure [J]. Mechanical Systems and Signal Processing, 2016, 66-67: 723-742.

[15] JING X, ZHANG L, FENG X, et al. A novel bio-inspired anti-vibration structure for operating hand-held jackhammers [J]. Mechanical Systems and Signal Processing, 2019, 118: 317-339.

[16] YAN G, ZOU H X, WANG S, et al. Bio-inspired toe-like structure for low-frequency vibration isolation [J]. Mechanical Systems and Signal Processing, 2022, 162: 108010.

[17] WU W, CHEN X, SHAN Y. Analysis and experiment of a vibration isolator using a novel magnetic spring with negative stiffness [J]. Journal of Sound and Vibration, 2014, 333 (13): 2958-2970.

[18] ROBERTSON W S, KIDNER M R F, CAZZOLATO B S, et al. Theoretical design parameters for a quasi-zero stiffness magnetic spring for vibration isolation [J]. Journal of Sound and Vibration, 2009, 326 (1): 88-103.

[19] PU H Y, YUAN S J, PENG Y, et al. Multi-layer electromagnetic spring with tunable negative stiffness for semi-active vibration isolation [J]. Mechanical Systems and Signal Processing, 2019, 121: 942-960.

[20] WANG Q, ZHOU J X, XU D L, et al. Design and experimental investigation of ultra-low frequency vibration isolation during neonatal transport [J]. Mechanical Systems and Signal Processing, 2020, 139: 106633.

[21] ZHU S, SHEN W A, XU Y L. Linear electromagnetic devices for vibration damping and energy harvesting: Modeling and testing [J]. Engineering Structures, 2012, 34: 198-212.

[22] HARRIS C M, PIERSOL A G. Harris' shock and vibration handbook [M]. New York: McGraw-Hill, 2002.

[23] CARRELLA A, BRENNAN M J, WATERS T P, et al. Force and displacement transmissibility of a nonlinear isolator with high-static-low-dynamic-stiffness [J]. International Journal

of Mechanical Sciences, 2012, 55 (1): 22-29.

[24] TANG B, BRENNAN M J. On the shock performance of a nonlinear vibration isolator with high-static-low-dynamic-stiffness [J]. International Journal of Mechanical Sciences, 2014, 81: 207-214.

[25] HAO Z, CAO Q. The isolation characteristics of an archetypal dynamical model with stable-quasi-zero-stiffness [J]. Journal of Sound and Vibration, 2015, 340: 61-79.

[26] LE T D, AHN K K. Experimental investigation of a vibration isolation system using negative stiffness structure [J]. International Journal of Mechanical Sciences, 2013, 70: 99-112.

[27] HUANG X, LIU X, SUN J, et al. Effect of the system imperfections on the dynamic response of a high-static-low-dynamic stiffness vibration isolator [J]. Nonlinear Dynamics, 2014, 76 (2): 1157-1167.

[28] ZHAO F, JI J C, YE K, et al. Increase of quasi-zero stiffness region using two pairs of oblique springs [J]. Mechanical Systems and Signal Processing, 2020, 144: 106975.

[29] ZUO S, WANG D, ZHANG Y, et al. Design and testing of a parabolic cam-roller quasi-zero-stiffness vibration isolator [J]. International Journal of Mechanical Sciences, 2022, 220: 107146.

[30] WANG S, WANG Z. Curved surface-based vibration isolation mechanism with designable stiffness: Modeling, simulation, and applications [J]. Mechanical Systems and Signal Processing, 2022, 181: 109489.

[31] ZHOU J, XU D, BISHOP S. A torsion quasi-zero stiffness vibration isolator [J]. Journal of Sound and Vibration, 2015, 338: 121-133.

[32] LU Z Q, GU D H, DING H, et al. Nonlinear vibration isolation via a circular ring [J]. Mechanical Systems and Signal Processing, 2020, 136: 106490.

[33] DING H, LU Z Q, CHEN L Q. Nonlinear isolation of transverse vibration of pre-pressure beams [J]. Journal of Sound and Vibration, 2019, 442: 738-751.

[34] LU Z, WANG Z, ZHOU Y, et al. Nonlinear dissipative devices in structural vibration control: A review [J]. Journal of Sound and Vibration, 2018, 423: 18-49.

[35] SUN X, XU J, JING X, et al. Beneficial performance of a quasi-zero-stiffness vibration isolator with time-delayed active control [J]. International Journal of Mechanical Sciences, 2014, 82: 32-40.

[36] WANG K, ZHOU J, XU D. Sensitivity analysis of parametric errors on the performance of a torsion quasi-zero-stiffness vibration isolator [J]. International Journal of Mechanical Sciences, 2017, 134: 336-346.

[37] GATTI G, BRENNAN M J, TANG B. Some diverse examples of exploiting the beneficial effects of geometric stiffness nonlinearity [J]. Mechanical Systems and Signal Processing,

2019, 125: 4-20.

［38］ GATTI G, SHAW A D, GONÇALVES P J P, et al. On the detailed design of a quasi-zero stiffness device to assist in the realisation of a translational Lanchester damper ［J］. Mechanical Systems and Signal Processing, 2022, 164: 108258.

［39］ SUN X, JING X. Multi-direction vibration isolation with quasi-zero stiffness by employing geometrical nonlinearity ［J］. Mechanical Systems and Signal Processing, 2015, 62-63: 149-163.

［40］ LIU C, JING X, LI F. Vibration isolation using a hybrid lever-type isolation system with an X-shape supporting structure ［J］. International Journal of Mechanical Sciences, 2015, 98: 169-177.

［41］ FENG X, JING X. Human body inspired vibration isolation: Beneficial nonlinear stiffness, nonlinear damping & nonlinear inertia ［J］. Mechanical Systems and Signal Processing, 2019, 117: 786-812.

［42］ NIU M Q, CHEN L Q. Analysis of a bio-inspired vibration isolator with a compliant limb-like structure ［J］. Mechanical Systems and Signal Processing, 2022, 179: 109348.

［43］ ZENG R, WEN G L, ZHOU J X, et al. Limb-inspired bionic quasi-zero stiffness vibration isolator ［J］. Acta Mechanica Sinica, 2021, 37 (7): 1152-1167.

［44］ LING P, MIAO L, ZHANG W, et al. Cockroach-inspired structure for low-frequency vibration isolation ［J］. Mechanical Systems and Signal Processing, 2022, 171: 108955.

［45］ ZHAO F, JI J, YE K, et al. An innovative quasi-zero stiffness isolator with three pairs of oblique springs ［J］. International Journal of Mechanical Sciences, 2021, 192: 106093.

［46］ JING X, CHAI Y, CHAO X, et al. In-situ adjustable nonlinear passive stiffness using X-shaped mechanisms ［J］. Mechanical Systems and Signal Processing, 2022, 170: 108267.

［47］ ZHOU N, LIU K. A tunable high-static-low-dynamic stiffness vibration isolator ［J］. Journal of Sound and Vibration, 2010, 329 (9): 1254-1273.

［48］ PUPPIN E, FRATELLO V. Vibration isolation with magnet springs ［J］. Review of Scientific Instruments, 2002, 73 (11): 4034-4036.

［49］ KOVACIC I, BRENNAN M J. The Duffing equation: nonlinear oscillators and their behaviour ［M］. United Kingdom: John Wiley & Sons, 2011.

［50］ ZHENG Y S, ZHANG X, LUO Y J, et al. Design and experiment of a high-static-low-dynamic stiffness isolator using a negative stiffness magnetic spring ［J］. Journal of Sound and Vibration, 2016, 360: 31-52.

［51］ ZHENG Y, ZHANG X, LUO Y, et al. Analytical study of a quasi-zero stiffness coupling using a torsion magnetic spring with negative stiffness ［J］. Mechanical Systems and Signal Processing, 2018, 100: 135-151.

［52］ ZHU T, CAZZOLATO B, ROBERTSON W S P, et al. Vibration isolation using six degree-of-freedom quasi-zero stiffness magnetic levitation ［J］. Journal of Sound and Vibration, 2015, 358: 48-73.

［53］ SUN X, WANG F, XU J. Analysis, design and experiment of continuous isolation structure with Local Quasi-Zero-Stiffness property by magnetic interaction ［J］. International Journal of Non-linear Mechanics, 2019, 116: 289-301.

［54］ YAN B, YU N, WANG Z, et al. Lever-type quasi-zero stiffness vibration isolator with magnetic spring ［J］. Journal of Sound and Vibration, 2022, 527: 116865.

［55］ LI Q, ZHU Y, XU D, et al. A negative stiffness vibration isolator using magnetic spring combined with rubber membrane ［J］. Journal of Mechanical Science and Technology, 2013, 27 (3): 813-824.

［56］ YAN G, WU Z Y, WEI X S, et al. Nonlinear compensation method for quasi-zero stiffness vibration isolation ［J］. Journal of Sound and Vibration, 2022, 523: 116743.

［57］ YAN B, YU N, WU C. A state-of-the-art review on low-frequency nonlinear vibration isolation with electromagnetic mechanisms ［J］. Applied Mathematics and Mechanics, 2022, 43 (7): 1045-1062.

［58］ HOUSNER G W, BERGMAN L A, CAUGHEY T K, et al. Structural control: past, present, and future ［J］. Journal of Engineering Mechanics, 1997, 123 (9): 897-971.

［59］ LIU C, YU K. A high-static-low-dynamic-stiffness vibration isolator with the auxiliary system ［J］. Nonlinear Dynamics, 2018, 94: 1549-1567.

［60］ ZHANG F, XU M, SHAO S, et al. A new high-static-low-dynamic stiffness vibration isolator based on magnetic negative stiffness mechanism employing variable reluctance stress ［J］. Journal of Sound and Vibration, 2020, 476: 115322.

［61］ YANG T, CAO Q, LI Q, et al. A multi-directional multi-stable device: Modeling, experiment verification and applications ［J］. Mechanical Systems and Signal Processing, 2021, 146: 106986.

［62］ YE K, JI J C, BROWN T. A novel integrated quasi-zero stiffness vibration isolator for coupled translational and rotational vibrations ［J］. Mechanical Systems and Signal Processing, 2021, 149: 107340.

［63］ ZHOU J X, WANG K, XU D L, et al. A Six Degrees-of-Freedom Vibration Isolation Platform Supported by a Hexapod of Quasi-Zero-Stiffness Struts ［J］. Journal of Vibration and Acoustics, 2017, 139 (3): 034502.

［64］ WU Z, JING X, SUN B, et al. A 6DOF passive vibration isolator using X-shape supporting structures ［J］. Journal of Sound and Vibration, 2016, 380: 90-111.

［65］ CHAI Y, JING X J, GUO Y. A compact X-shaped mechanism based 3-DOF anti-vibration unit with enhanced tunable QZS property［J］. Mechanical Systems and Signal Processing，2022，168：108651.

［66］KAMESH D，PANDIYAN R，GHOSAL A. Modeling，design and analysis of low frequency platform for attenuating micro-vibration in spacecraft［J］. Journal of Sound and Vibration，2010，329（17）：3431-3450.

［67］WANG Y，LIU H J. Six degree-of-freedom microvibration hybrid control system for high technology facilities［J］. International Journal of Structural Stability and Dynamics，2009，9：437-460.

［68］DONG G，ZHANG X，XIE S，et al. Simulated and experimental studies on a high-static-low-dynamic stiffness isolator using magnetic negative stiffness spring［J］. Mechanical Systems and Signal Processing，2017，86：188-203.

［69］DONG G，ZHANG X，LUO Y，et al. Analytical study of the low frequency multi-direction isolator with high-static-low-dynamic stiffness struts and spatial pendulum［J］. Mechanical Systems and Signal Processing，2018，110：521-539.

［70］DONG G，ZHANG Y，LUO Y，et al. Enhanced isolation performance of a high-static-low-dynamic stiffness isolator with geometric nonlinear damping［J］. Nonlinear Dynamics，2018，93（4）：2339-2356.

［71］MANN B P. Energy criterion for potential well escapes in a bistable magnetic pendulum［J］. Journal of Sound and Vibration，2009，323（3）：864-876.

［72］FORTERRE Y，SKOTHEIM J M，DUMAIS J，et al. How the Venus flytrap snaps［J］. Nature，2005，433（7024）：421-425.

［73］VIRGIN L N，CARTEE L A. A note on the escape from a potential well［J］. International Journal of Non-linear Mechanics，1991，26（3）：449-452.

［74］GOMEZ M，MOULTON Derek E，VELLA D. Critical slowing down in purely elastic 'snap-through' instabilities［J］. Nature Physics，2017，13（2）：142-145.

［75］GOMEZ M，MOULTON D E，VELLA D. Dynamics of viscoelastic snap-through［J］. Journal of The Mechanics and Physics of Solids，2019，124：781-813.

［76］HARNE R L，WANG K W. A review of the recent research on vibration energy harvesting via bistable systems［J］. Smart Materials and Structures，2013，22（2）：023001.

［77］SHAW A D，NEILD S A，WAGG D J，et al. A nonlinear spring mechanism incorporating a bistable composite plate for vibration isolation［J］. Journal of Sound and Vibration，2013，332（24）：6265-6275.

［78］ISHIDA S，UCHIDA H，SHIMOSAKA H，et al. Design and numerical analysis of vibration isolators with quasi-zero-stiffness characteristics using bistable foldable structures［J］. Journal of Vibration and Acoustics，2017，139（3）：031015.

［79］ JOHNSON D R, THOTA M, SEMPERLOTTI F, et al. On achieving high and adaptable damping via a bistable oscillator ［J］. Smart Materials and Structures, 2013, 22 （11）: 115027.

［80］ JOHNSON D R, HARNE R L, WANG K W. A disturbance cancellation perspective on vibration control using a bistable snap-through attachment ［J］. Journal of Vibration and Acoustics, 2014, 136 （3）: 031006.

［81］ YANG K, HARNE R L, WANG K W, et al. Dynamic stabilization of a bistable suspension system attached to a flexible host structure for operational safety enhancement ［J］. Journal of Sound and Vibration, 2014, 333 （24）: 6651-6661.

［82］ YANG K, HARNE R L, WANG K W, et al. Investigation of a bistable dual-stage vibration isolator under harmonic excitation ［J］. Smart Materials and Structures, 2014, 23 （4）: 045033.

［83］ WU Z, HARNE R L, WANG K W. Excitation-induced stability in a bistable duffing oscillator: analysis and experiments ［J］. Journal of Computational and Nonlinear Dynamics, 2015, 10 （1）: 011016.

［84］ YANG K, TONG W, LIN L, et al. Active vibration isolation performance of the bistable nonlinear electromagnetic actuator with the elastic boundary ［J］. Journal of Sound and Vibration, 2022, 520: 116588.

［85］ YAN B, MA H, JIAN B, et al. Nonlinear dynamics analysis of a bi-state nonlinear vibration isolator with symmetric permanent magnets ［J］. Nonlinear Dynamics, 2019, 97 （4）: 2499-2519.

［86］ YAN B, MA H, ZHANG L, et al. A bistable vibration isolator with nonlinear electromagnetic shunt damping ［J］. Mechanical Systems and Signal Processing, 2020, 136: 106504.

［87］ YAN B, YU N, MA H, et al. A theory for bistable vibration isolators ［J］. Mechanical Systems and Signal Processing, 2022, 167: 108507.

［88］ YAN B, LING P, ZHOU Y, et al. Shock Isolation Characteristics of a Bistable Vibration Isolator With Tunable Magnetic Controlled Stiffness ［J］. Journal of Vibration and Acoustics, 2022, 144 （2）: 021008.

［89］ MOHEIMANI S R. A survey of recent innovations in vibration damping and control using shunted piezoelectric transducers ［J］. IEEE Transactions On Control Systems Technology, 2003, 11 （4）: 482-494.

［90］ FORWARD R L. Electronic damping of vibrations in optical structures ［J］. Applied Optics, 1979, 18 （5）: 690-697.

［91］ HAGOOD N W, VON FLOTOW A. Damping of structural vibrations with piezoelectric materials and passive electrical networks ［J］. Journal of Sound and Vibration, 1991, 146 （2）: 243-268.

[92] INOUE T, ISHIDA Y, SUMI M. Vibration suppression using electromagnetic resonant shunt damper [J]. Journal of Vibration and Acoustics-Transactions of the ASME, 2008, 130 (4): 041003.

[93] 孙浩. 压电分流电路特性及在结构振动控制中的应用研究 [D]. 西安: 西北工业大学, 2005.

[94] 王建军, 姚建尧, 李其汉. 分支电路压电阻尼系统的分析模型和基本特性 [J]. 工程力学, 2005, 22 (6): 217-223.

[95] ZHU S, SHEN W, QIAN X. Dynamic analogy between an electromagnetic shunt damper and a tuned mass damper [J]. Smart Materials and Structures, 2013, 22 (11): 115018.

[96] BEHRENS S, MOHEIMANI S R, FLEMING A. Multiple mode current flowing passive piezoelectric shunt controller [J]. Journal of Sound and Vibration, 2003, 266 (5): 929-942.

[97] WU S Y. Method for multiple mode piezoelectric shunting with single PZT transducer for vibration control [J]. Journal of Intelligent Material Systems and Structures, 1998, 9 (12): 991-998.

[98] CHENG T H, OH I K. A current-flowing electromagnetic shunt damper for multi-mode vibration control of cantilever beams [J]. Smart Materials and Structures, 2009, 18 (9): 095036.

[99] CARUSO G. A critical analysis of electric shunt circuits employed in piezoelectric passive vibration damping [J]. Smart Materials and Structures, 2001, 10 (5): 1059.

[100] JI H, QIU J, ZHU K, et al. Multi-modal vibration control using a synchronized switch based on a displacement switching threshold [J]. Smart Materials and Structures, 2009, 18 (3): 035016.

[101] 陈春兰, 马君峰. 基于压电开关分流电路的板振动半主动控制 [J]. 机械科学与技术, 2010, 29 (10): 68-71.

[102] DAVIS C L, LESIEUTRE G A, DOSCH J J. Tunable electrically shunted piezoceramic vibration absorber [C]. Smart Structures and Materials, 1997, 3045: 51-59.

[103] CLARK W W. Vibration control with state-switched piezoelectric materials [J]. Journal of Intelligent Material Systems and Structures, 2000, 11 (4): 263-271.

[104] JI H, QIU J, BADEL A, et al. Semi-active vibration control of a composite beam by adaptive synchronized switching on voltage sources based on LMS algorithm [J]. Journal of Intelligent Material Systems and Structures, 2009, 20 (8): 939-947.

[105] JI H, QIU J, BADEL A, et al. Semi-active vibration control of a composite beam using an adaptive SSDV approach [J]. Journal of Intelligent Material Systems and Structures, 2009, 20 (4): 401-412.

[106] NEUBAUER M, OLESKIEWICZ R, POPP K, et al. Optimization of damping and

absorbing performance of shunted piezo elements utilizing negative capacitance ［J］. Journal of Sound and Vibration, 2006, 298 (1-2): 84-107.

［107］JI H, QIU J, CHENG J, et al. Application of a negative capacitance circuit in synchronized switch damping techniques for vibration suppression ［J］. Journal of Vibration and Acoustics, 2011, 133 (4): 041015.

［108］BECK B S, CUNEFARE K A, COLLET M. The power output and efficiency of a negative capacitance shunt for vibration control of a flexural system ［J］. Smart Materials and Structures, 2013, 22 (6): 065009.

［109］林志, 白冰, 刘正兴. 带有负电容电路的半主动控制系统 ［J］. 力学季刊, 2005, 26 (2): 204-210.

［110］张文群, 张萌, 吴新跃. 负电容分支电路压电分流阻尼特性研究 ［J］. 噪声与振动控制, 2008, 28 (5): 48-51.

［111］FLEMING A J, MOHEIMANI S R. Control orientated synthesis of high-performance piezoelectric shunt impedances for structural vibration control ［J］. IEEE Transactions on Control Systems Technology, 2004, 13 (1): 98-112.

［112］YAN B, ZHANG X, NIU H. Design and test of a novel isolator with negative resistance electromagnetic shunt damping ［J］. Smart Materials and Structures, 2012, 21 (3): 035003.

［113］ZHANG X, NIU H, YAN B. A novel multimode negative inductance negative resistance shunted electromagnetic damping and its application on a cantilever plate ［J］. Journal of Sound and Vibration, 2012, 331 (10): 2257-2271.

［114］NIU H, ZHANG X, XIE S, et al. A new electromagnetic shunt damping treatment and vibration control of beam structures ［J］. Smart Materials and Structures, 2009, 18 (4): 045009.

［115］YAN B, ZHANG X, LUO Y, et al. Negative impedance shunted electromagnetic absorber for broadband absorbing: experimental investigation ［J］. Smart Materials and Structures, 2014, 23 (12): 125044.

［116］STABILE A, AGLIETTI G S, RICHARDSON G, et al. Design and verification of a negative resistance electromagnetic shunt damper for spacecraft micro-vibration ［J］. Journal of Sound and Vibration, 2017, 386: 38-49.

［117］STABILE A, AGLIETTI G S, RICHARDSON G, et al. A 2-collinear-DoF strut with embedded negative-resistance electromagnetic shunt dampers for spacecraft micro-vibration ［J］. Smart Materials and Structures, 2017, 26 (4): 045031.

［118］SUN R, WONG W, CHENG L. A tunable hybrid damper with Coulomb friction and electromagnetic shunt damping ［J］. Journal of Sound and Vibration, 2022, 524: 116778.

［119］YAN B, MA H, YU N, et al. Theoretical modeling and experimental analysis of nonlinear electromagnetic shunt damping [J]. Journal of Sound and Vibration, 2020, 471: 115184.

[120] MA H, YAN B, ZHANG L, et al. On the design of nonlinear damping with electromagnetic shunt damping [J]. International Journal of Mechanical Sciences, 2020, 175: 105513.

[121] MA H, YAN B. Nonlinear damping and mass effects of electromagnetic shunt damping for enhanced nonlinear vibration isolation [J]. Mechanical Systems and Signal Processing, 2021, 146: 107010.

[122] FLEMING A J, MOHEIMANI S R. Adaptive piezoelectric shunt damping [J]. Smart Materials and Structures, 2003, 12 (1): 36.

[123] NIEDERBERGER D, FLEMING A, MOHEIMANI S R, et al. Adaptive multi-mode resonant piezoelectric shunt damping [J]. Smart Materials and Structures, 2004, 13 (5): 1025.

[124] NIEDERBERGER D, BEHRENS S, FLEMING A J, et al. Adaptive electromagnetic shunt damping [J]. IEEE/ASME Transactions on Mechatronics, 2006, 11 (1): 103-108.

[125] MCDAID A J, MACE B R. A self-tuning electromagnetic vibration absorber with adaptive shunt electronics [J]. Smart Materials and Structures, 2013, 22 (10): 105013.

[126] LI J Y, ZHU S. Versatile behaviors of electromagnetic shunt damper with a negative impedance converter [J]. IEEE/ASME Transactions on Mechatronics, 2018, 23 (3): 1415-1424.

[127] ZHENG W, YAN B, MA H, et al. Tuning of natural frequency with electromagnetic shunt mass [J]. Smart Materials and Structures, 2019, 28 (2): 025026.

[128] ZHOU S, JEAN-MISTRAL C, CHESNÉ S. Electromagnetic shunt damping with negative impedances: Optimization and analysis [J]. Journal of Sound and Vibration, 2019, 445: 188-203.

[129] ZHOU S, JEAN-MISTRAL C, CHESNÉ S. Influence of internal electrical losses on optimization of electromagnetic energy harvesting [J]. Smart Materials and Structures, 2018, 27 (8): 085015.

[130] YAN B, WANG K, HU Z, et al. Shunt damping vibration control technology: a review [J]. Applied Sciences-Basel, 2017, 7 (5): 494.

[131] GRIPP J A B, RADE D A. Vibration and noise control using shunted piezoelectric transducers: A review [J]. Mechanical Systems and Signal Processing, 2018, 112: 359-383.

[132] FURLANI E P. Permanent magnet and electromechanical devices: materials, analysis, and applications [M]. San Diego: Academic Press, 2001.

[133] YAN B, MA H, ZHAO C, et al. A vari-stiffness nonlinear isolator with magnetic effects: Theoretical modeling and experimental verification [J]. International Journal of Mechanical Sciences, 2018, 148: 745-755.

［134］ FURLANI E J, FURLANI E P. A model for predicting magnetic targeting of multifunctional particles in the microvasculature ［J］. Journal of Magnetism and Magnetic Materials, 2007, 312 （1）: 187-193.

［135］ AKOUN G, YONNET J P. 3D analytical calculation of the forces exerted between two cuboidal magnets ［J］. IEEE Transactions on Magnetics, 1984, 20 （5）: 1962-1964.

［136］ KOVACIC I, BRENNAN M J, Lineton B. Effect of a static force on the dynamic behaviour of a harmonically excited quasi-zero stiffness system ［J］. Journal of Sound and Vibration, 2009, 325 （4）: 870-883.

［137］ BRENNAN M, KOVACIC I, CARRELLA A, et al. On the jump-up and jump-down frequencies of the Duffing oscillator ［J］. Journal of Sound and Vibration, 2008, 318 （4-5）: 1250-1261.

［138］ KOVACIC I, BRENNAN M J, LINETON B. Effect of a static force on the dynamic behaviour of a harmonically excited quasi-zero stiffness system ［J］. Journal of Sound and Vibration, 2009, 325 （4-5）: 870-883.

［139］ GATTI G, KOVACIC I, BRENNAN M J. On the response of a harmonically excited two degree-of-freedom system consisting of a linear and a nonlinear quasi-zero stiffness oscillator ［J］. Journal of Sound and Vibration, 2010, 329 （10）: 1823-1835.

［140］ LU Z Q, YANG T J, BRENNAN M J, et al. On the performance of a two-stage vibration isolation system which has geometrically nonlinear stiffness ［J］. Journal of Vibration and Acoustics, 2014, 136 （6）: 064501-064501-064505.

［141］ LIU C, JING X, DALEY S, et al. Recent advances in micro-vibration isolation ［J］. Mechanical Systems and Signal Processing, 2015, 56-57: 55-80.

［142］ EBRAHIMI B, KHAMESEE M B, GOLNARAGHI F. Eddy current damper feasibility in automobile suspension: modeling, simulation and testing ［J］. Smart Materials and Structures, 2008, 18 （1）: 015017.

［143］ EBRAHIMI B, KHAMESEE M B, GOLNARAGHI M F. Design and modeling of a magnetic shock absorber based on eddy current damping effect ［J］. Journal of Sound and Vibration, 2008, 315 （4-5）: 875-889.

［144］ ZUO L, SCULLY B, SHESTANI J, et al. Design and characterization of an electromagnetic energy harvester for vehicle suspensions ［J］. Smart Materials and Structures, 2010, 19 （4）: 045003.

［145］ SUN X, JING X, XU J, et al. Vibration isolation via a scissor-like structured platform ［J］. Journal of Sound and Vibration, 2014, 333 （9）: 2404-2420.

［146］ FLANNELLY W. Dynamic antiresonant vibration isolator ［P］. America: 3322379. 1964.

［147］ Liu N, Li C, Yin C, et al. Application of a dynamic antiresonant vibration isolator to minimize the vibration transmission in underwater vehicles [J]. Journal of Vibration and Control, 2018, 24 (17): 3819-3829.

[148] WAGG D J. A review of the mechanical inerter: historical context, physical realisations and nonlinear applications [J]. Nonlinear Dynamics, 2021, 104 (1): 13-34.

[149] YILMAZ C, Kikuchi N. Analysis and design of passive band-stop filter-type vibration isolators for low-frequency applications [J]. Journal of Sound and Vibration, 2006, 291 (3): 1004-1028.

[150] YANG K, FEI F, AN H. Investigation of coupled lever-bistable nonlinear energy harvesters for enhancement of inter-well dynamic response [J]. Nonlinear Dynamics, 2019, 96 (4): 2369-2392.

[151] ZANG J, YUAN T C, LU Z Q, et al. A lever-type nonlinear energy sink [J]. Journal of Sound and Vibration, 2018, 437: 119-134.

[152] SODANO H A, BAE J S, INMAN D J, et al. Concept and model of eddy current damper for vibration suppression of a beam [J]. Journal of Sound and Vibration, 2005, 288 (4-5): 1177-1196.

[153] YAN B, YU N, WANG Z, et al. Lever-type quasi-zero stiffness vibration isolator with magnetic spring [J]. Journal of Sound and Vibration, 2022, 527: 116865.

[154] IBRAHIM R A. Excitation-induced stability and phase transition: a review [J]. Journal of Vibration and Control, 2006, 12 (10): 1093-1170.

[155] YAN G, ZOU H X, WANG S, et al. Bio-Inspired Vibration Isolation: Methodology and Design [J]. Applied Mechanics Reviews, 2021, 73 (2): 020801.

[156] BEHRENS S, ANDREW J, FLEMING A J. New method for multiple-mode shunt damping of structural vibration using a single piezoelectric transducer [J]. International Society for Optics and Photonics, 2001, 4331: 239-251.

[157] BEHRENS S, FLEMING A J, MOHEIMANI S R. Passive vibration control via electromagnetic shunt damping [J]. IEEE/ASME Transactions on Mechatronics, 2005, 10 (1): 118-122.

[158] BEHRENS S, FLEMING A J, MOHEIMANI S O R. A broadband controller for shunt piezoelectric damping of structural vibration [J]. Smart Materials and Structures, 2003, 12 (1): 18-28.

[159] CHOI C, PARK K. Self-sensing magnetic levitation using a LC resonant circuit [J]. Sensors and Actuators a-Physical, 1999, 72 (2): 169-177.

[160] INOUE T, ISHIDA Y, SUMI M. Vibration suppression using electromagnetic resonant shunt damper [J]. Journal of Vibration and Acoustics, 2008, 130 (4): 041003.

[161] WANG P, ZHANG X. Damper based on electromagnetic shunt damping method [J]. In-

ternational Journal of Applied Electromagnetics and Mechanics, 2010, 33 (3-4): 1425-1430.

[162] YAN B, ZHANG X, NIU H. Vibration isolation of a beam via negative resistance electro-magnetic shunt dampers [J]. Journal of Intelligent Material Systems and Structures, 2012, 23 (6): 665-673.

[163] YAN B, LUO Y, ZHANG X. Structural multimode vibration absorbing with electromagnetic shunt damping [J]. Journal of Vibration and Control, 2014, 22 (6): 1604-1617.

[164] STABILE A, AGLIETTI G S, RICHARDSON G, et al. Design and verification of a negative resistance electromagnetic shunt damper for spacecraft micro-vibration [J]. Journal of Sound and Vibration, 2017, 386 (2017): 38-49.

[165] YAN B, WANG K, KANG C X, et al. Self-sensing electromagnetic transducer for vibration control of space antenna reflector [J]. IEEE/ASME Transactions on Mechatronics, 2017, 22 (5): 1944-1951.

[166] MCDAID A J, MACE B R. A self-tuning electromagnetic vibration absorber with adaptive shunt electronics [J]. Smart Materials and Structures, 2013, 22 (2013): 105013.

[167] MCDAID A J, MACE B R. A robust adaptive tuned vibration absorber using semi-passive shunt electronics [J]. IEEE Transactions on Industrial Electronics, 2016, 63 (8): 5069-5077.

[168] STANTON S C, OWENS B A M, MANN B P. Harmonic balance analysis of the bistable piezoelectric inertial generator [J]. Journal of Sound and Vibration, 2012, 331 (15): 3617-3627.

[169] NAYFEH A H, MOOK D T, HOLMES P. Nonlinear oscillations [J]. Journal of Applied Mechanics, 1980, 47 (3): 692.

[170] FAN K, TAN Q, ZHANG Y, et al. A monostable piezoelectric energy harvester for broad-band low-level excitations [J]. Applied Physics Letters, 2018, 112 (12): 123901.

[171] WANG G, LIAO W H, YANG B, et al. Dynamic and energetic characteristics of a bistable piezoelectric vibration energy harvester with an elastic magnifier [J]. Mechanical Systems and Signal Processing, 2018, 105: 427-446.

[172] ZHOU S, CAO J, INMAN D J, et al. Broadband tristable energy harvester: Modeling and experiment verification [J]. Applied Energy, 2014, 133: 33-39.

[173] ZHOU S, LALLART M, ERTURK A. Multistable vibration energy harvesters: Principle, progress, and perspectives [J]. Journal of Sound and Vibration, 2022, 528: 116886.

[174] YAN B, ZHOU S, LITAK G. Nonlinear Analysis of the Tristable Energy Harvester with a Resonant Circuit for Performance Enhancement [J]. International Journal of Bifurcation and Chaos, 2018, 28 (7): 1850092.

[175] ZHANG J, YANG K, LI R. A bistable nonlinear electromagnetic actuator with elastic boundary for actuation performance improvement [J]. Nonlinear Dynamics, 2020, 100 (4): 3575-3596.

[176] 刘丽兰, 任博林, 朱国栋, 等. 考虑非线性阻尼的双稳态电磁式吸振器的动力学特性研究 [J]. 振动与冲击, 2017, 36 (17): 91-96.

[177] MANN B P, OWENS B A. Investigations of a nonlinear energy harvester with a bistable potential well [J]. Journal of Sound and Vibration, 2010, 329 (9): 1215-1226.

[178] YAN B, YU N, ZHANG L, et al. Scavenging vibrational energy with a novel bistable electromagnetic energy harvester [J]. Smart Materials and Structures, 2020, 29 (2): 025022.

[179] YU N, MA H, WU C, et al. Modeling and experimental investigation of a novel bistable two-degree-of-freedom electromagnetic energy harvester [J]. Mechanical Systems and Signal Processing, 2021, 156: 107608.

[180] HARNE R L, WANG K W. A review of the recent research on vibration energy harvesting via bistable systems [J]. Smart Materials and Structures, 2013, 22 (2): 023001.

[181] ARRIETA A F, HAGEDORN P, ERTURK A, et al. A piezoelectric bistable plate for nonlinear broadband energy harvesting [J]. Applied Physics Letters, 2010, 97 (10): 104102.

[182] HANNA B H, MAGLEBY S P, LANG R J, et al. Force-deflection modeling for generalized origami waterbomb-base mechanisms [J]. Journal of Applied Mechanics, 2015, 82 (8): 081001.

[183] COTTONE F, GAMMAITONI L, VOCCA H, et al. Piezoelectric buckled beams for random vibration energy harvesting [J]. Smart Materials and Structures, 2012, 21 (3): 035021.

[184] CHEN Q, ZHANG X, ZHU B. Design of buckling-induced mechanical metamaterials for energy absorption using topology optimization [J]. Structural and Multidisciplinary Optimization, 2018, 58 (4): 1395-1410.

[185] FRENZEL T, FINDEISEN C, KADIC M, et al. Tailored buckling microlattices as reusable light-weight shock absorbers [J]. Advanced Materials, 2016, 28 (28): 5865-5870.

[186] PIERSOL A G, PAEZ T L. Harris' shock and vibration handbook, McGraw-Hill Education, 2010.

[187] DING J H, TZOU H S. Micro-electromechanics of sensor patches of free paraboloidal shell structronic systems [J]. Mechanical Systems and Signal Processing, 2004, 18 (2): 367-380.

[188] MEGURO A, SHINTATE K, USUI M, et al. In-orbit deployment characteristics of large deployable antenna reflector onboard Engineering Test Satellite VIII [J]. Acta Astronautica, 2009, 65 (9-10): 1306-1316.

[189] ZHANG S X, DUAN B Y, YANG G G, et al. An approximation of pattern analysis for dis-

torted reflector antennas using structural-electromagnetic coupling model [J]. IEEE Transactions on Antennas and Propagation, 2013, 61 (9): 4844-4847.

[190] JHA A K, INMAN D J, PLAUT R H. Free vibration analysis of an inflated toroidal shell [J]. Journal of Vibration and Acoustics, 2002, 124 (3): 387-396.

[191] SHARMA A, KUMAR R, VAISH R, et al. Active vibration control of space antenna reflector over wide temperature range [J]. Composite Structures, 2015, 128: 291-304.

[192] WANG J L, SUN S K, TANG L H, et al. On the use of metasurface for Vortex-Induced vibration suppression or energy harvesting [J]. Energy Conversion and Management, 2021, 235: 113991.

[193] LEDEZMA-RAMÍREZ D F, TAPIA-GONZÁLEZ P E, Ferguson N, et al. Recent advances in shock vibration isolation: An overview and future possibilities [J]. Applied Mechanics Reviews, 2019, 71 (6): 060802.

[194] YAN B, MA H Y, ZHAO C X, et al. A vari-stiffness nonlinear isolator with magnetic effects: Theoretical modeling and experimental verification [J]. International Journal of Mechanical Sciences, 2018, 148: 745-755.

[195] YAN L, XUAN S, GONG X. Shock isolation performance of a geometric anti-spring isolator [J]. Journal of Sound and Vibration, 2018, 413: 120-143.

[196] LIU X T, HUANG X C, HUA H X. Performance of a zero stiffness isolator under shock excitations [J]. Journal of Vibration and Control, 2014, 20 (14): 2090-2099.

[197] WANG K W, HARNE R L. Harnessing bistable structural dynamics: for vibration control, energy harvesting and sensing [M]. Hoboken: John Wiley & Sons, 2017.

[198] YAN B, MA H Y, JIAN B, et al. Nonlinear dynamics analysis of a bi-state nonlinear vibration isolator with symmetric permanent magnets [J]. Nonlinear Dynamics, 2019, 97 (4): 2499-2519.

[199] YAN B, MA H Y, Zhang L, et al. A bistable vibration isolator with nonlinear electromagnetic shunt damping [J]. Mechanical Systems and Signal Processing, 2020, 136: 106504.

[200] MANN B P, SIMS N D. Energy harvesting from the nonlinear oscillations of magnetic levitation [J]. Journal of Sound and Vibration, 2009, 319 (1): 515-530.

[201] APO D J, PRIYA S. High Power Density Levitation-Induced Vibration Energy Harvester [J]. Energy Harvesting and Systems, 2014, 1 (1-2): 79-88.

[202] XU D, YU Q, ZHOU J, et al. Theoretical and experimental analyses of a nonlinear magnetic vibration isolator with quasi-zero-stiffness characteristic [J]. Journal of Sound and Vibration, 2013, 332 (14): 3377-3389.

[203] JOHNSON D R, HARNE R L, WANG K W. A disturbance cancellation perspective on vibration control using a bistable snap-through attachment [J]. Journal of Vibration and

Acoustics, 2014, 136 (3): 031006.

[204] ZHOU S, ZUO L. Nonlinear dynamic analysis of asymmetric tristable energy harvesters for enhanced energy harvesting [J]. Communications in Nonlinear Science and Numerical Simulation, 2018, 61: 271-284.

[205] YAN B, MA H, ZHENG W, et al. Nonlinear electromagnetic shunt damping for nonlinear vibration isolators [J]. IEEE/ASME Transactions on Mechatronics, 2019, 24 (4): 1851-1860.

[206] EBRAHIMI B, KHAMESEE M B, GOLNARAGHI M F. Design and modeling of a magnetic shock absorber based on eddy current damping effect [J]. Journal of Sound and Vibration, 2008, 315 (4): 875-889.

[207] YAN B, ZHOU S, LITAK G. Nonlinear analysis of the tristable energy harvester with a resonant circuit for performance enhancement [J]. International Journal of Bifurcation and Chaos, 2018, 28 (7): 1850092.

[208] WANG Y, JING X, DAI H, et al. Subharmonics and ultra-subharmonics of a bio-inspired nonlinear isolation system [J]. International Journal of Mechanical Sciences, 2019, 152: 167-184.

[209] SIELMANN H. My year with the woodpeckers [M]. London: Barrie and Rockliff, 1959.

[210] JING X J. The X-structure/mechanism approach to beneficial nonlinear design in engineering [J]. Applied Mathematics and Mechanics, 2022, 43: 979-1000.

[211] LIU C C, JING X J. Nonlinear vibration energy harvesting with adjustable stiffness, damping and inertia [J]. Nonlinear Dynamics, 2017, 88 (1): 79-95.

[212] PAN H H, JING X J, SUN W C, et al. Analysis and Design of a Bioinspired Vibration Sensor System in Noisy Environment [J]. IEEE/ASME Transactions on Mechatronics, 2018, 23 (2): 845-855.

[213] DAI H H, JING X J, WANG Y, et al. Post-capture vibration suppression of spacecraft via a bio-inspired isolation system [J]. Mechanical Systems and Signal Processing, 2018, 105: 214-240.

[214] WANG L Z, CHEUNG J T M, PU F, et al. Why do woodpeckers resist head impact injury: a biomechanical investigation [J]. PLoS One, 2011, 6 (10): e26490.

[215] YOON S H, Park S. A mechanical analysis of woodpecker drumming and its application to shock-absorbing systems [J]. Bioinspir Biomim, 2011, 6 (1): 016003.

[216] SUN X T, JING X J, XU J, et al. Vibration isolation via a scissor-like structured platform [J]. Journal of Sound and Vibration, 2014, 333 (9): 2404-2420.

[217] HU F Z, JING X J. A 6-DOF passive vibration isolator based on Stewart structure with X-shaped legs [J]. Nonlinear Dynamics, 2018, 91 (1): 157-185.

[218] WU Z, JING X, BIAN J, et al. Vibration isolation by exploring bio-inspired structural nonlinearity [J]. Bioinspir Biomim, 2015, 10 (5): 056015.

[219] WU Z J, LIU W Y, LI F M, et al. Band-gap property of a novel elastic metamaterial beam with X-shaped local resonators [J]. Mechanical Systems and Signal Processing, 2019, 134: 106357.

[220] JING X J, CHAI Y Y, CHAO X, et al. In-situ adjustable nonlinear passive stiffness using X-shaped mechanisms [J]. Mechanical Systems and Signal Processing, 2022, 170: 108267.

[221] YAN G, WANG S, ZOU H X, et al. Bio-inspired polygonal skeleton structure for vibration isolation: Design, modelling, and experiment [J]. Science China-Technological Sciences, 2020, 63 (12): 2617-2630.

[222] ANDERSEN E S, DONG M, NIELSEN M M, et al. Self-assembly of a nanoscale DNA box with a controllable lid [J]. Nature, 2009, 459 (7243): 73-76.

[223] DIETZ H, DOUGLAS S M, SHIH W M. Folding DNA into twisted and curved nanoscale shapes [J]. Science, 2009, 325 (5941): 725-730.

[224] DE FOCATIIS D S, GUEST S D. Deployable membranes designed from folding tree leaves [J]. Philosophical Transactions of the Royal Society of London. Series A: Mathematical, Physical and Engineering Sciences, 2002, 360 (1791): 227-238.

[225] HARRINGTON M J, RAZGHANDI K, DITSCH F, et al. Origami-like unfolding of hydro-actuated ice plant seed capsules [J]. Nature Communication, 2011, 2 (1): 337.

[226] TACHI T. Freeform rigid-foldable structure using bidirectionally flat-foldable planar quadrilateral mesh [J]. Advances in architectural geometry, 2010, 14 (2): 203-215.

[227] TACHI T. Origamizing polyhedral surfaces [J]. IEEE Transactions on Visualization and Computer Graphics, 2009, 16 (2): 298-311.

[228] WAITUKAITIS S, VAN HECKE M. Origami building blocks: Generic and special four-vertices [J]. Physical Review E, 2016, 93 (2): 023003.

[229] SCHENK M, GUEST S D. Geometry of Miura-folded metamaterials [J]. Proceedings of the National Academy of Sciences, 2013, 110 (9): 3276-3281.

[230] YOSHIMURA Y. On the mechanism of buckling of a circular cylindrical shell under axial compression [J]. Reports of the Institute of Science & Technology University of Tokyo, 1955, 5: 179-198.

[231] KAMRAVA S, Mousanezhad D, Ebrahimi H, et al. Origami-based cellular metamaterial with auxetic, bistable, and self-locking properties [J]. Scientific Reports, 2017, 7 (1): 46046.

[232] 方虹斌, 吴海平, 刘作林, 等. 折纸结构和折纸超材料动力学研究进展 [J]. 力学学报, 2022, 54 (1): 1-38.

[233] EIDINI M，PAULINO G H. Unraveling metamaterial properties in zigzag-base folded sheets [J]. Science Advances，2015，1（8）：e1500224.

[234] YASUDA H，Yang J. Reentrant Origami-Based Metamaterials with Negative Poisson's Ratio and Bistability [J]. Physical Review Letters，2015，114（18）：185502.

[235] DAYNES S，TRASK R S，WEAVER P M. Bio-inspired structural bistability employing elastomeric origami for morphing applications [J]. Smart Materials and Structures，2014，23（12）：125011.

[236] HANNA B H，LUND J M，LANG R J，et al. Waterbomb base：a symmetric single-vertex bistable origami mechanism [J]. Smart Materials and Structures，2014，23（9）：094009.

[237] WAITUKAITIS S，MENAUT R，CHEN B G，et al. Origami multistability：from single vertices to metasheets [J]. Physical Review Letters，2015，114（5）：055503.

[238] HAN H S，SOROKIN V，TANG L H，et al. A nonlinear vibration isolator with quasi-zero-stiffness inspired by Miura-origami tube [J]. Nonlinear Dynamics，2021，105（2）：1313-1325.

[239] YE K，JI J. An origami inspired quasi-zero stiffness vibration isolator using a novel truss-spring based stack Miura-ori structure [J]. Mechanical Systems and Signal Processing，2022，165：108383.

[240] FANG H B，WANG K W，LI S Y. Asymmetric energy barrier and mechanical diode effect from folding multi-stable stacked-origami [J]. Extreme Mechanics Letters，2017，17：7-15.

[241] LIU S，PENG G，JIN K. Towards accurate modeling of the Tachi-Miura origami in vibration isolation platform with geometric nonlinear stiffness and damping [J]. Applied Mathematical Modelling，2022，103：674-695.

[242] 袁婷婷，任昆明，方雨桥，等. 考虑非线性本构的非刚性折纸结构动力学建模与分析 [J]. 力学学报，2022，54：1-15.

[243] HAN H S，SOROKIN V，TANG L H，et al. Lightweight origami isolators with deployable mechanism and quasi-zero-stiffness property [J]. Aerospace Science and Technology，2022，121：107319.

[244] QI W H，YAN G，LU J J，et al. Magnetically modulated sliding structure for low frequency vibration isolation [J]. Journal of Sound and Vibration，2022，526：116819.

[245] YAN G，QI W H，SHI J W，et al. Bionic paw-inspired structure for vibration isolation with novel nonlinear compensation mechanism [J]. Journal of Sound and Vibration，2022，525：116799.

[246] YAN G，WU Z Y，WEI X S，et al. Nonlinear compensation method for quasi-zero stiffness

vibration isolation [J]. Journal of Sound and Vibration, 2022, 523: 116743.

[247] FANG H, CHANG T S, WANG K. Magneto-origami structures: engineering multi-stability and dynamics via magnetic-elastic coupling [J]. Smart Materials and Structures, 2019, 29 (1): 015026.

[248] YOSHIOKA H, TAKAHASHI Y, KATAYAMA K, et al. An active microvibration isolation system for hi-tech manufacturing facilities [J]. Journal of Vibration and Acoustics, 2001, 123 (2): 269-275.

[249] YUAN S J, SUN Y, ZHAO J L, et al. A tunable quasi-zero stiffness isolator based on a linear electromagnetic spring [J]. Journal of Sound and Vibration, 2020, 482: 115449.

[250] YUAN S J, SUN Y, WANG M, et al. Tunable negative stiffness spring using maxwell normal stress [J]. International Journal of Mechanical Sciences, 2021, 193: 106127.

[251] WANG M, HU Y Y, SUN Y, et al. An Adjustable Low-Frequency Vibration Isolation Stewart Platform Based On Electromagnetic Negative Stiffness [J]. International Journal of Mechanical Sciences, 2020, 181: 105714.

[252] KAMARUZAMAN N A, ROBERTSON W S P, Ghayesh M H, et al. Six degree of freedom quasi-zero stiffness magnetic spring with active control: Theoretical analysis of passive versus active stability for vibration isolation [J]. Journal of Sound and Vibration, 2021, 502: 116086.

[253] ZHANG F, SHAO S B, TIAN Z, et al. Active-passive hybrid vibration isolation with magnetic negative stiffness isolator based on Maxwell normal stress [J]. Mechanical Systems and Signal Processing, 2019, 123: 244-263.

[254] ZHANG M, JING X. A bioinspired dynamics-based adaptive fuzzy SMC method for half-car active suspension systems with input dead zones and saturations [J]. IEEE Transactions on Cybernetics, 2020, 51 (4): 1743-1755.

[255] ZHANG M, JING X, WANG G. Bioinspired nonlinear dynamics-based adaptive neural network control for vehicle suspension systems with uncertain/unknown dynamics and input delay [J]. IEEE Transactions on Industrial Electronics, 2020, 68 (12): 12646-12656.

[256] LI J Y, JING X J, LI Z C, et al. Fuzzy adaptive control for nonlinear suspension systems based on a bioinspired reference model with deliberately designed nonlinear damping [J]. IEEE Transactions on Industrial Electronics, 2018, 66 (11): 8713-8723.

[257] SUN X T, XU J, JING X J, et al. Beneficial performance of a quasi-zero-stiffness vibration isolator with time-delayed active control [J]. International Journal of Mechanical Sciences, 2014, 82: 32-40.

[258] XU J, SUN X T. A multi-directional vibration isolator based on Quasi-Zero-Stiffness structure

and time-delayed active control ［J］. International Journal of Mechanical Sciences，2015，100：126-135.

［259］ CHENG C，LI S M，WANG Y，et al. On the analysis of a high-static-low-dynamic stiffness vibration isolator with time-delayed cubic displacement feedback ［J］. Journal of Sound and Vibration，2016，378：76-91.